Moussa Kimse
Thierry Gidenne

Probiotique, écosystème digestif du lapin et des ruminants

AF062754

Moussa Kimse
Thierry Gidenne

Probiotique, écosystème digestif du lapin et des ruminants

Presses Académiques Francophones

Impressum / Mentions légales
Bibliografische Information der Deutschen Nationalbibliothek: Die Deutsche Nationalbibliothek verzeichnet diese Publikation in der Deutschen Nationalbibliografie; detaillierte bibliografische Daten sind im Internet über http://dnb.d-nb.de abrufbar.
Alle in diesem Buch genannten Marken und Produktnamen unterliegen warenzeichen-, marken- oder patentrechtlichem Schutz bzw. sind Warenzeichen oder eingetragene Warenzeichen der jeweiligen Inhaber. Die Wiedergabe von Marken, Produktnamen, Gebrauchsnamen, Handelsnamen, Warenbezeichnungen u.s.w. in diesem Werk berechtigt auch ohne besondere Kennzeichnung nicht zu der Annahme, dass solche Namen im Sinne der Warenzeichen- und Markenschutzgesetzgebung als frei zu betrachten wären und daher von jedermann benutzt werden dürften.

Information bibliographique publiée par la Deutsche Nationalbibliothek: La Deutsche Nationalbibliothek inscrit cette publication à la Deutsche Nationalbibliografie; des données bibliographiques détaillées sont disponibles sur internet à l'adresse http://dnb.d-nb.de.
Toutes marques et noms de produits mentionnés dans ce livre demeurent sous la protection des marques, des marques déposées et des brevets, et sont des marques ou des marques déposées de leurs détenteurs respectifs. L'utilisation des marques, noms de produits, noms communs, noms commerciaux, descriptions de produits, etc, même sans qu'ils soient mentionnés de façon particulière dans ce livre ne signifie en aucune façon que ces noms peuvent être utilisés sans restriction à l'égard de la législation pour la protection des marques et des marques déposées et pourraient donc être utilisés par quiconque.

Coverbild / Photo de couverture: www.ingimage.com

Verlag / Editeur:
Presses Académiques Francophones
ist ein Imprint der / est une marque déposée de
OmniScriptum GmbH & Co. KG
Heinrich-Böcking-Str. 6-8, 66121 Saarbrücken, Deutschland / Allemagne
Email: info@presses-academiques.com

Herstellung: siehe letzte Seite /
Impression: voir la dernière page
ISBN: 978-3-8381-4429-0

Zugl. / Agréé par: Toulouse, Université de Toulouse, 2009

Copyright / Droit d'auteur © 2014 OmniScriptum GmbH & Co. KG
Alle Rechte vorbehalten. / Tous droits réservés. Saarbrücken 2014

TABLE DES MATIERES

TABLE DES MATIERES 1
REMERCIEMENTS 3
LISTE DES TABLEAUX 5
LISTE DES FIGURES 6
PHOTO 7
LISTE DES ABBREVIATIONS 8
INTRODUCTION GENERALE 9
CHAPITRE 1 : FONCTIONNEMENT DIGESTIF CHEZ LE LAPIN 11
   I. DIGESTION CHEZ LE LAPIN 11
      I.A. rappel anatomique du système digestif *11*
         I.A.1. L'estomac 11
         I.A.2. L'intestin grêle 13
         I.A.3. Le caecum 14
         I.A.4. Le côlon 15
      I.B. digestion enzymatique chez le lapin *16*
         I.B.1. Digestion stomacale 16
         I.B.2. Digestion et absorption intestinale 18
         I.B.3. Digestion caecale ou microbienne 20
         I.B.4. Caecotrophie et crottes dures 23
   II. CARACTERISATION DE L'ECOSYSTEME CAECAL 25
      II.A. Etude qualitative et quantitative *26*
         II.A.1. Mise en place de la biocénose caecale chez le lapereau 26
         II.A.2. Activités microbiote caecal 28
             Activités fermentaires 29
             Activités enzymatiques fibrolytiques 30
         II.A.3. Caractérisation du biotope caecal 31
         II.A.4. Techniques d'études de l'écosystème 32

CHAPITRE 2 : PROBIOTIQUES : CARACTERES GENERAUX ET IMPACT EN ALIMENTATION ANIMALE 37
   I. DEFINITION 37
   II. CARACTERES GENERAUX DES BACTERIES PROBIOTIQUES 39
      II.A. Effet des bactéries probiotiques chez les monogastriques *39*
      II.B. Effet des bactéries probiotiques chez les ruminants *41*
   III. ETUDE D'UNE LEVURE PROBIOTIQUE SACCHAROMYCES CEREVISIAE : GENERALITES 43
   IV. SACCHAROMYCES CEREVISIAE CHEZ LES RUMINANTS 45
      IV.A. Impact de S. cerevisiae sur l'utilisation digestive de la ration chez les bovins *46*
         IV.A.1. Digestibilité des constituants non azotés 46
         IV.A.2. Digestibilité de la matière azotée (MAT) 48
      IV.B. Impact de S. cerevisiae sur le profil de la biocenose ruminale *50*
         IV.B.1. Effet des levures sur le nombre total de bactéries dans le rumen 50
             Effets des levures sur les bactéries cellulolytiques du rumen 51
             Effet des levures sur les bactéries utilisatrices de lactate du rumen 52

IV.B.2. Impact de S. cerevisiae sur le pH ruminal 53
IV.B.3. Impact de S. cerevisiae sur le profil fermentaire 55
IV.B.4. Impact de S. cerevisiae sur la croissance et la production laitière 56
V. SACCHAROMYCES CEREVISIAE CHEZ LE LAPIN 59
V.A. Impact de S. cerevisiae sur l'utilisation digestive de la ration chez le lapin *60*
V.B. Impact de S. cerevisiae sur le profil microbien du contenu caecal *62*
V.C. Impact de S. cerevisiae sur la croissance *63*
V.D. Impact de S. cerevisiae sur la santé des lapins *66*
V.E. Effet de S. cerevisiae sur les paramètres sanguins du lapin *69*
V.E.1. Haptoglobine sanguine 69
V.E.2. La myélopéroxydase (MPO) 70
V.E.3. Impact de la levure sur les protéines de l'inflammation 72

CHAPITRE 3- MODE D'ACTION DE SACCHAROMYCES CEREVISIAE **74**
I. ACTION DE SACCHAROMYCES CEREVISIAE SUR LES PROTEINES DE L'INFLAMMATION DU TUBE DIGESTIF 74
II. ACTION DE LA LEVURE PROBIOTIQUE SUR L'ECOSYSTEME DIGESTIF 77
III. APPROCHE THERMODYNAMIQUE : EFFET SUR LE POTENTIEL REDOX ET LE pH 81
III.A. Réaction d'oxydo-réduction et production d'ATP *81*
III.B. Mesure du potentiel redox *83*
III.C. Relations entre potentiel redox (Eh), pH et oxygène *84*

CONCLUSIONS ET PERSPECTIVE **85**
REFERENCES BIBLIOGRAPHIQUES **88**

REMERCIEMENTS

Le travail a été réalisé à l'UMR 1289 TANDEM (Tissus, Animaux, Nutrition, Ecosystème, Métabolisme) l'Institut National de la Recherche Agronomique (INRA) à Auzeville (31), et a bénéficié de la collaboration de SA LFA (Lesaffre Feed Additive) à Marcq-en Baroeul (59).

Je tiens dans un premier temps à rendre Grâce à Dieu pour m'avoir accordé la santé, le Moral et surtout sa bénédiction pour la réalisation de mes études jusqu'à cet aboutissement.

J'adresse mes sincères remerciements à tous ceux qui ont contribué à la réalisation de ces travaux :

C. MARTIN, (Unité de Recherches sur les Herbivores Equipe Digestion Microbienne et Absorption INRA Centre de Clermont-Ferrand Theix 63122 Saint-Genès Champanelle), pour sa participation aux différentes échanges.

V. THEODOROU et toute son équipe (UMR1054 Neurogastroentérologie et nutrition NGN 180 chemin de Tournefeuille BP 93173, 31027 Toulouse Cedex 3) pour ses participations aux comités de thèse et la mise au point de la mesure de la MPO chez le lapin

C. BAYOURTHE co-Directrice et V. MONTEILS co-Encadrante pour avoir encadré ces travaux et pour la confiance qu'ils m'ont témoignée.

C. LENOIR, Responsable laboratoire contrôle qualité SI Lesaffre et toute son équipe

JP. MARDEN, Responsable développement ruminant LFA.

J'exprime également toute ma reconnaissance à l'ensemble de l'équipe TANDEM, sans qui ce travail n'aurait pu voir le jour :

Viviane BATAILLER et Véronique TARTIE, la première pour son aide administrative, mais aussi pour sa perpétuelle bienveillance et son aide précieuse apportée à la touche finale du document, et la seconde pour l'ensemble de toutes les « manips » très contraignantes à faire (analyses levure, sacrifices des animaux) et également pour sa contribution à la touche finale à la rédaction du document. Muriel SEGURA, Carole BANNELIER, Béatrice GABINAUD pour leur patience et leur motivation à m'enseigner les notions essentielles des analyses de laboratoire, pour leurs aides chaleureuses et leur bonne humeur. Laurence FORTUN-LAMOTHE pour ses conseils éclairés et sa capacité à expliquer et à faire comprendre ce qui semble au début incompréhensible grâce à sa grande pédagogie. Laurent CAUQUIL et Sylvie COMBES pour leurs aides notamment en microbiologie (SSCP), en Stat et en informatique. André LAPANOUSE, Patrick AYMARD, Jean DE DAPPER et Jacques DE DAPPER pour leur appui technique à l'élevage et lors des sacrifices des animaux. Michèle THEAU-CLEMENT pour ses encouragements et JM PEREZ. Aux stagiaires et thésards (collègues) pour le temps que nous avons passé ensemble ce sont Rory MICHELLAND, Mélanie MARTIGNON, Asma ZENED, Samer MOURE, Elena...

Je remercie particulièrement le Directeur de l'UMR X. FERNANDEZ et JF GRONGNET UMR-CENAH (Reine)

Enfin, je voudrais remercier tout particulièrement ma grande famille pour son soutien constant tout au long de mes études. Mes pensées vont vers mes deux charmantes filles (Ange Nsissa G.E KIMSE et Priscille A. KIMSE) et à leur mère Charlotte KAMENAN qui ont passées tout ce temps sans leur père. Je remercie sincèrement Mlle F. AKE à l'INAPG de Paris, Mes amis proches à Toulouse, JP. MONEY, M. NGUESSAN, H. AKIN, B. KOFFI, ERIC etc. et les Amis de la promotion 2000 de la filière Productions Animales de l'Université d'Abobo-Adjamé, pensée particulière à ceux qui nous ont quittés.

« Je pense que la vie est une chance ou une bénédiction divine ; utilisons donc chaque seconde, chaque minute et chaque jour pour rendre service à sa famille, sa communauté, son pays, son continent, au monde entier et si possible à l'univers tout entier... »

LISTE DES TABLEAUX

TABLEAU 1: COMPOSITION CHIMIQUE DES CAECOTROPHES ET DES FECES DURES EN %MS (GIDENNE & LEBAS, 2006) 25

TABLEAU 2: COMPARAISON DES CARACTERISTIQUES CAECALES ENTRE LAPINS CONVENTIONNELS SAINS ET LAPINS DIARRHEIQUES (BENNEGADI, 2002) ... 32

TABLEAU 3: PRINCIPALES TECHNIQUES D'ECOLOGIES MOLECULAIRES POUR L'ETUDE DE L'ECOSYSTEME MICROBIEN, AVANTAGES ET INCONVENIENTS (ZOETENDAL ET AL., 2004) 34

TABLEAU 4: COMPOSITION CHIMIQUE D'UNE CELLULE DE LEVURE 44

TABLEAU 5: SYNTHESE DE TRAVAUX DE RECHERCHE SUR L'ACTION DES LEVURES PROBIOTIQUES CHEZ LE LAPIN 60

TABLEAU 6: SYNTHESE DES EFFETS DE LA LEVURE PROBIOTIQUE S. CEREVISIAE, UTILISEE SEULE OU EN ASSOCIATION, SUR LES PERFORMANCES DE CROISSANCE DU LAPIN 65

TABLEAU 7: EFFET DE LA SUPPLEMENTATION EN LEVURE SUR LA COMPOSITION SANGUINE DU LAPIN AGE DE 56 JOURS 72

TABLEAU 8: POTENTIELS DES ELECTRODES DE REFERENCE (MV) EN FONCTION DE LA TEMPERATURE ET DE LA CONCENTRATION DE CHLORURE DE POTASSIUM D'APRES (NORDSTORM, 1977) 83

LISTE DES FIGURES

FIGURE 1: VUE DE L'IMPLANTATION DES DENTS CHEZ LE LAPIN (BARONE ET AL., 1973) 12

FIGURE 2: SCHEMA DU TUBE DIGESTIF CHEZ UN LAPIN AGE DE 12 SEMAINES (2,4KG PV) (LEBAS, 1996) 12

FIGURE 3: ÉVOLUTION NYCTHEMERALE DU pH CÆCAL CHEZ DE JEUNES LAPINS DE 5 SEMAINES ET CHEZ DES SUJETS ADULTES (18 SEMAINES). ALIMENTATION A VOLONTE - INGESTION DE CÆCOTROPHES OBSERVEE DE 4 H A 12 H CHEZ LES JEUNES, ET DE 8 H A 14 H CHEZ LES ADULTES (BELLIER, 1994) 15

FIGURE 4: SCHEMA DES DIFFERENTS ORGANES INTERVENANT DANS LA DIGESTION ENZYMATIQUE (GIDENNE,.1996.) 17

FIGURE 5: NATURE DES FIBRES ALIMENTAIRES ET METHODES DE DOSAGE 21

FIGURE 6: METABOLISME CAECAL DES PRINCIPAUX NUTRIMENTS (GIDENNE, 1997) 22

FIGURE 7: MOUVEMENT DES DIGESTA DANS LE SEGMENT CAECO-COLIQUE (GIDENNE, 1997) 24

FIGURE 8: INSTALLATION DE LA FLORE ET ACTIVITE FERMENTAIRE AU COURS DE LA CROISSANCE DU LAPIN (GIDENNE ET AL., 2008) 27

FIGURE 9: EVOLUTION DE L'ACTIVITE FERMENTAIRE CAECALE EN FONCTION DE L'AGE (FORTUN-LAMOTHE & GIDENNE, 2001) 29

FIGURE 10: ACTIVITE ENZYMATIQUE FIBROLYTIQUE DES BACTERIES DU CAECUM (GIDENNE ET AL., 2000) 30

FIGURE 11: EFFETS DES DIFFERENTES SOUCHES DE S. CEREVISIAE SUR LA POPULATION BACTERIENNE RUMINALE EN CULTURE MIXTE (ADAPTE DE (NEWBOLD & WALLACE, 1992)) 51

FIGURE 12: EFFET DE LA LEVURE PROBIOTIQUE SUR LA TENEUR DE LACTATE DANS LE RUMEN APRES LE REPAS (WILLIAMS ET AL., 1991) 53

FIGURE 13: EVOLUTION DU pH RUMINAL CHEZ LA VACHE APRES UN REPAS COMPLEMENTE OU NON DE 4 G DE LEVURE S. CEREVISIAE (MARDEN, 2007) 55

FIGURE 14: EFFET D'UN APPORT DE 4 G DE LEVURE S. CEREVISIAE SUR LA CONCENTRATION EN AGV TOTAUX (MARDEN, 2007) 56

FIGURE 15: EFFET DE LA LEVURE S. CEREVISIAE SUR MATIERE SECHE INGEREE (MSI), LE GMQ ET L'IC CHEZ LES BOVINS VIANDE (MONCOULON & AUCLAIR, 2001) 57

FIGURE 16: DIGESTIBILITE DES NUTRIMENTS (MS, PB, CB) ET DE L'ENERGIE CHEZ LE LAPIN COMPLEMENTE OU NON DE 200 PPM DE LEVURE S. CEREVISIAE (P<0,05) (SHANMUGANATHAN ET AL., 2004) 61

FIGURE 17: VOIES DU METABOLISME GLUCIDIQUE (JOUANY, 1995) 80

PHOTO

PHOTO 1: PHOTOGRAPHIES DE S. CEREVISIAE : A ET B VUE A L'ŒIL NU SUR BOITE DE PETRIE EN MILIEU GELOSE (B EST UNE COLONIE) ; C ET D VUE AU MICROSCOPE ELECTRONIQUE (D CELLULE ISOLEE) 45

LISTE DES ABBREVIATIONS

ADF	Acid detergent fiber
ADL	Acid detergent lignin
ADN	Acide désoxyribonucléique
AEB	Activités enzymatiques bactériennes
AGV	Acides gras volatils
ARNr	Acide ribonucléique ribosomal
cf.	*Confer*
CFU	Colonie formant unité
CVr	Coefficient de variation résiduelle
DO	Densité optique
E. coli	*Escherichia coli*
GMQ	Gain moyen quotidien
GLM	General linear models
Ig	Immunoglobuline
IL	Interleukine
Jx	x jours après la mise-bas
MAT	Matière azotée totale
MS	Matière sèche
NDF	Neutral detergent fiber
NH_3	AMMONIAQUE
NS	Non significatif
PV	Poids vif
vs.	*Versus*

INTRODUCTION GENERALE

Le rôle de microorganismes exogènes au microbiote digestif, tels que les probiotiques, sur le fonctionnement digestif fait l'objet de nombreuses études chez les animaux domestiques herbivores et monogastriques. Le mode d'action de ces probiotiques en particulier sur les écosystèmes microbiens digestifs reste néanmoins peu clair. Ainsi, dans le rumen, le mode d'action de la levure probiotique a été abordé, jusqu'à présent essentiellement par l'analyse des voies biochimiques. Toutefois, ces approches, bien qu'indispensables, n'ont pas été suffisantes pour comprendre le mode d'action de ce probiotique dans le rumen et encore moins de prédire son efficacité dans différentes conditions de pratiques alimentaires. Ces études ne permettent pas de répondre de façon satisfaisante à la question suivante : *Comment les levures peuvent elles établir un nouvel état d'équilibre de l'écosystème ruminal* ? L'étude de la dynamique des populations microbiennes en relation avec l'apport de microorganismes exogènes probiotiques apparaît donc nécessaire.

L'objectif de ce travail est ici de réaliser une étude dans le caecum, puis de faire une approche comparative de l'effet d'un même probiotique dans deux écosystèmes microbiens différents: le caecum du lapin et le rumen de la vache, pour mieux décrire les mécanismes d'action d'une levure probiotique sur les relations biocénose-biotope. Il revêt une double importance. D'une part au plan cognitif, il s'agit de comprendre comment une espèce microbienne ajoutée peut modifier (ou non) la biocénose commensale et son retour à l'équilibre (notion de résilience/résistance). D'autre part, d'un plan plus finalisé, il faut analyser le rôle de ces microorganismes exogènes sur l'efficacité et la santé digestive. Sur ce dernier point, la compréhension des mécanismes d'action des probiotiques sur la résistance d'un écosystème microbien, ou sur sa meilleure stabilité, face à des pathogènes ou à des agressions externes, est d'une importance cruciale. Il s'agit en effet de trouver des **alternatives raisonnées** à l'emploi des antibiotiques en élevage, et de définir des stratégies nutritionnelles préventives.

Le rôle des levures sur l'écosystème ruminal a déjà fait l'objet de recherches. Ces études ont montré la capacité des probiotiques à exercer un effet de régulation du pH par la réduction de la pression partielle d'oxygène, laquelle renforce le pouvoir réducteur du milieu, ainsi plus favorable à l'activité de la population de bactéries cellulolytiques ruminales (Marden, 2007).

Chez le lapin, l'emploi de probiotiques est souvent préconisé en cas de risques d'instabilité digestive pouvant être provoqués par l'emploi d'aliment déficients en fibres (et aussi riches en glucides fermentescibles, par ailleurs responsables d'acidose chez les ruminants). Notre étude évaluera dans différentes situations nutritionnelles le rôle de la levure en analysant *in-vivo* son impact sur l'écosystème caecal. Plusieurs paramètres du fonctionnement de l'écosystème digestif seront étudiés afin d'obtenir une approche intégrée des relations entre biotope et biocénose: paramètres du biotope (pH, production d'AGV, activité enzymatiques fibrolytiques etc.) et de la biocénose (stabilité, résistance/résilience, biodiversité) seront suivis.

En parallèle, des paramètres physiopathologiques tels que les indicateurs de l'inflammation (haptoglobine et la myélopéroxydase) et des paramètres zootechniques tels que la croissance, l'ingestion, la santé digestive etc. seront également suivis

Ce travail est une étude bibliographique sur la physiologie digestive du lapin et sur l'effet des probiotiques (levure en particulier) chez les animaux, ainsi que quelques hypothèses sur leurs modes d'action.

CHAPITRE 1 : FONCTIONNEMENT DIGESTIF CHEZ LE LAPIN

I. DIGESTION CHEZ LE LAPIN

La digestion chez le lapin est un processus complexe qui se compose de deux grandes étapes (Lebas *et al.*, 1991). La première étape est une digestion classique dont les principaux organes impliqués sont la bouche, l'estomac et l'intestin grêle. Cette digestion aboutit à la mise à disposition de l'organisme, des nutriments qui sont assimilés par le sang à travers les parois du tube digestif de l'animal. La deuxième étape de la digestion est une fermentation des résidus de la première étape. Elle se déroule dans le gros intestin principalement dans le cæcum et elle fait intervenir la population microbienne en symbiose avec l'hôte.

I.A. RAPPEL ANATOMIQUE DU SYSTEME DIGESTIF

La bouche du lapin présente des dents profondément insérées dans la mâchoire (sans racines). Elles ont une croissance continue et ont un rôle masticateur réduit. L'existence d'une deuxième paire d'incisives à la mâchoire supérieure, dissimulée derrière la première paire, distingue les lagomorphes de l'ordre des rongeurs. Sa formule dentaire est de I : 2/1 C : 0/0 PM : 3/2 M : 3/3 (**Figure 1**). Les glandes salivaires sont bien développées (parotide, mandibulaire, sublinguale...).

I.A.1. L'estomac

L'estomac est constitué de trois parties (**Figure 2**). La partie supérieure est le fundus, la partie « moyenne » est le cardia par lequel arrive l'œsophage, et la partie inférieure est l'antrum. L'estomac se termine par le pylore qui est responsable de la régulation du flux des aliments vers l'intestin grêle grâce à son sphincter.

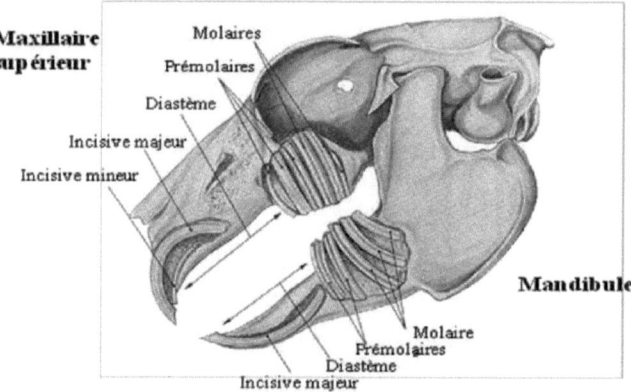

Figure 1: Vue de l'implantation des dents chez le lapin (Barone *et al.*, 1973)

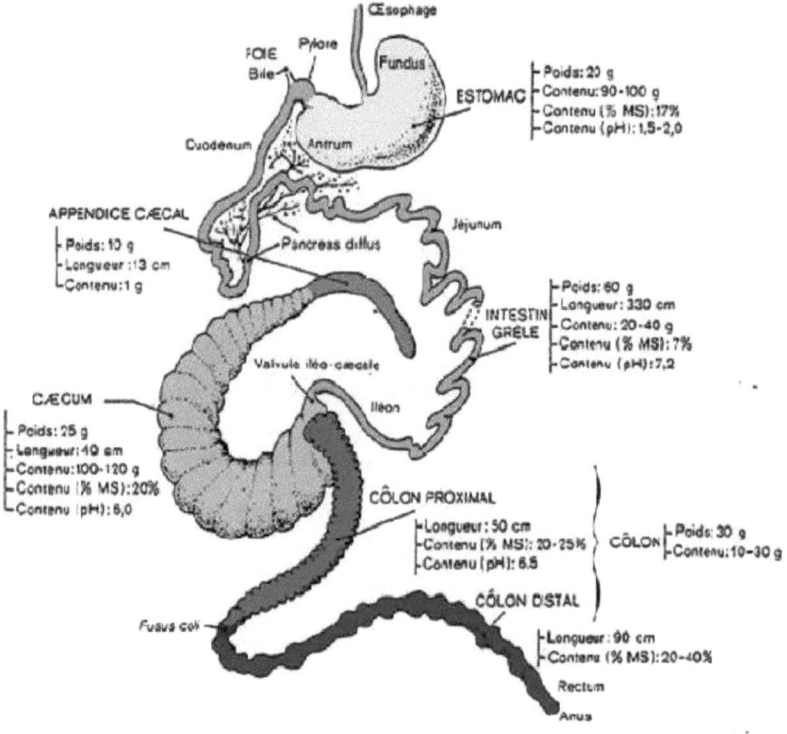

Figure 2: Schéma du tube digestif chez un lapin âgé de 12 semaines (2,4kg PV) (Lebas, 1996)

Chapitre 1

Le milieu stomacal est fortement acide avec des variations de pH entre 1,5 et 3,5. La période d'ingestion des caecotrophes correspond au pH le plus élevé qui a lieu dans la matinée (Gidenne & Lebas, 1984). Chez le jeune lapereau de moins de 30 jours d'âge, la paroi stomacale secrète en plus de la pepsine, de la rénine ou chymosine. Cette sécrétion de chymosine devient nulle à l'âge adulte (45 jours) contrairement à la pepsine. Une lipase gastrique dont la production maximale est autour de 30 jours d'âge est aussi sécrétée par une zone de la paroi stomacale autour du cardia. Les particules alimentaires qui arrivent dans l'estomac après leur ingestion séjournent environ 3 à 6 h dans ce milieu acide, où elles subissent très peu de transformations chimiques. Elles sont ensuite évacuées vers l'intestin grêle par de petites salves grâce aux contractions stomacales.

I.A.2. L'intestin grêle

L'intestin grêle représente plus de la moitié de la longueur du tube digestif (3 m environ chez l'adulte). La partie supérieure rattachée au pylore est le duodénum. Le jéjunum constitue la partie intermédiaire et l'iléon la partie inférieure dont l'extrémité est rattachée au cæcum. Divers organes de secrétions communiquent avec l'intestin grêle. Le foie sécrète de façon continue la bile qui est stockée dans la vésicule biliaire avant d'être transférée dans la première partie du duodénum via le canal cholédoque. Quant au canal pancréatique, il débouche dans le duodénum à 40 cm du pylore. Les enzymes digestives sécrétées par le pancréas permettent la dégradation des protéines (trypsine, chymotrypsine), de l'amidon (amylase) et de la matière grasse (lipase). D'autres glandes digestives sont rencontrées dans la paroi de l'intestin grêle. On y trouve aussi les plaques de Peyer. Ces plaques sont des tissus lymphoïdes d'environ 1 à 2 cm de diamètre.

Chapitre 1

Le pH intestinal contrairement à l'estomac est légèrement alcalin (pH 7,2 à 7,5) grâce à la bile. Il s'acidifie progressivement pour se stabiliser entre 6,2 et 6,5 à la fin de l'iléon. Le contenu de l'intestin grêle est liquide, principalement celui du duodénum et du jéjunum (6-8% de MS). Le chyme stomacal qui arrive dans l'intestin grêle est dilué par l'afflux de la bile et par les sécrétions de la paroi intestinale et du pancréas. Sous l'action des enzymes intestinales et pancréatiques, les éléments dégradables sont libérés et répartis dans le sang en direction des organes cibles. Les digesta séjournent de 1 à 3h environ dans l'intestin grêle puis débouchent dans le caecum.

I.A.3. Le caecum

Les particules non dégradées arrivent dans le caecum par sa partie basale appelée le *Sacculus rotondus*. Le volume du caecum représente environ 49% de la capacité du tube digestif (Portsmouth, 1997) et 90% de l'ensemble intestin grêle-cæcum-côlon alors que pour la plupart des espèces domestiques, il ne compte seulement que 4 à 11% de cet ensemble. Seul le cheval a également un cæcum bien développé (30%) et un côlon qui atteint 2 fois le volume du caecum. Le caecum de lapin contient 100 à 120 g de matière pâteuse et homogène, ayant une teneur en matière sèche de 22% avec un pH légèrement acide proche de 6. Le pH varie selon l'âge et la période de la journée (**Figure 3**). La paroi caecale s'invagine en forme de spires faisant 22 à 25 tours. Ces spires augmentent la surface de contact du contenu caecal à la muqueuse qui s'y trouve. L'extrémité supérieure du caecum est un appendice (appendice caecal ou vermiforme) avec un diamètre nettement plus faible dont la paroi est constituée de tissus lymphoïdes. L'appendice caecal, le *Sacculus rotondus* et les plaques de Peyer dans l'intestin grêle jouent un rôle important dans le système de défense de l'organisme. Du point de vu histologique, la muqueuse cæcale ne forme pas de villosités mais présente des cryptes. La surface est composée d'un épithélium

Chapitre 1

prismatique simple, présentant une bordure de microvillosités bien développée, tapissée d'un glycocalyx. Des cellules à mucus sont présentes en faible quantité. Des lymphocytes et leucocytes ont également été identifiés. L'épithélium des cryptes comprend des cellules indifférenciées, des cellules à mucus, des cellules épithéliales immatures et des cellules endocrines

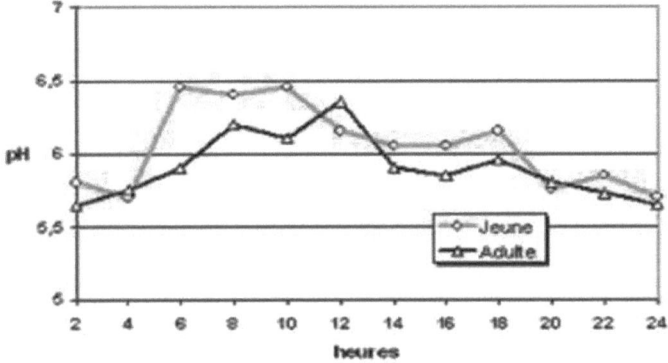

Figure 3: Évolution nycthémérale du pH cæcal chez de jeunes lapins de 5 semaines et chez des sujets adultes (18 semaines). Alimentation à volonté - ingestion de cæcotrophes observée de 4 h à 12 h chez les jeunes, et de 8 h à 14 h chez les adultes (Bellier, 1994)

I.A.4. Le côlon

Le contenu caecal transite ensuite vers le colon. Le côlon est subdivisé en 3 parties. La première partie est le côlon proximal mesurant environ 50 cm caractérisé par de petits renflements en forme de poche ou *Haustra coli*. Cette partie est le siège d'une grande production de mucus et aussi d'absorption (AGV, minéraux...). La seconde partie est le *Fusus coli* long de 1 à 1,5 cm et portant les seuls muscles striés du tube digestif du lapin. Elle contient des cellules en gobelet, des entérocytes et des cellules glandulaires. La paroi de la partie terminale du *Fusus coli* est lisse, c'est la 3ième partie du côlon appelée côlon distal. La plupart des échanges hydrominéraux ont lieu dans cette partie. Le côlon se termine par le rectum dont l'orifice extérieur est l'anus porteur de

Chapitre 1

glandes annales. Le temps de séjour moyen des digesta dans l'ensemble caecum-côlon proximal est estimé entre 6 et 12 h, selon le type d'alimentation et l'âge de l'animal.

I.B. DIGESTION ENZYMATIQUE CHEZ LE LAPIN

En élevage rationnel, l'aliment est distribué sous forme de granulés à haute teneur en matière sèche (environ 90%). L'énergie est essentiellement fournie par les glucides cytoplasmiques des végétaux, principalement l'amidon. Les constituants pariétaux participent également à l'apport d'énergie, surtout s'ils proviennent de plantes peu lignifiées. Un apport minimal de fibres est nécessaire pour assurer la régulation de motricité intestinale et stimuler le transit digestif. Lorsque la teneur en fibres augmente de 22 à 40 g/kg, le temps de transit diminue de 12 heures (Gidenne *et al.*, 2000).

I.B.1. Digestion stomacale

Le bol alimentaire dégluti s'accumule dans l'estomac et y séjourne 2 à 4 h pour y subir une transformation mécanique et chimique. Le produit de ces transformations est le chyme gastrique. L'estomac produit un suc gastrique comprenant différents types de sécrétions. Ces sécrétions sont de l'acide chlorhydrique participant à l'acidification du milieu, du mucus (glycoprotéines) constituant une couche protectrice de l'épithélium contre les attaques acides, et des enzymes (**Figure 4**). L'acidité du milieu permet la dénaturation des protéines et l'activation de certaines enzymes ainsi que l'inactivation de certains microorganismes ingérés avec l'aliment (Martinsen *et al.*, 2005). L'estomac est le siège du début de la digestion des lipides et des protéines.

La production de lipase gastrique est proche de celle de l'homme. Cette lipase hydrolyse préférentiellement les acides gras à chaînes courtes ou moyennes à un pH optimum compris entre 5 et 6 (Perret, 1982; DeNigris *et al.*, 1988; Moreau *et al.*, 1988; Rogalska *et al.*, 1990). Son optimum d'activité pour les acides gras à longues chaînes se situe à pH 4 (Moreau *et al.*, 1988). Il est établi chez l'homme que la lipase gastrique hydrolyse préférentiellement les acides gras en position *sn*-3 sur le glycérol, jamais ceux en position *sn*-2, ce qui aboutit principalement à la formation d'acides gras libres et de *sn*-1,2-diacylglycérols (Miled *et al.*, 2000; Mu & Hxy, 2004).

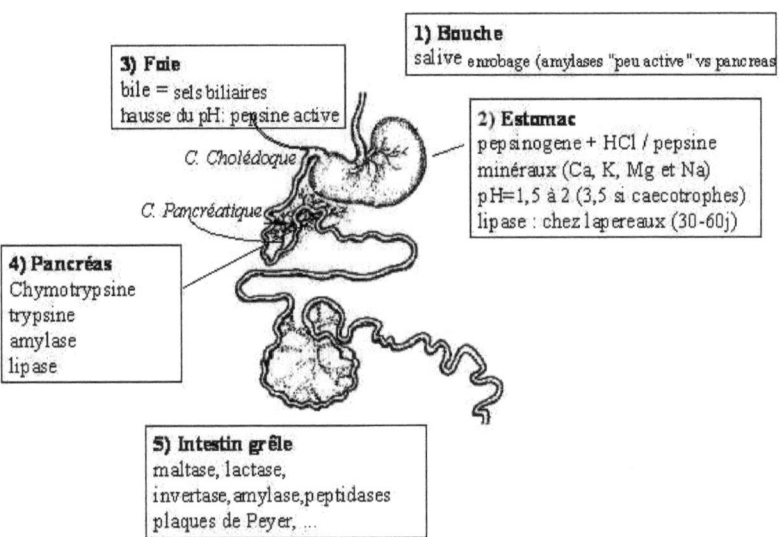

Figure 4: Schéma des différents organes intervenant dans la digestion enzymatique (Gidenne,.1996.)

La digestion stomacale des protéines est faite sous l'action de la pepsine. Elle est sécrétée par les cellules principales ou à zymogène sous une forme inactive appelée pepsinogène. Elle est activée par l'acidité gastrique. Une glycoprotéine impliquée dans l'absorption de la vitamine B12 est également sécrétée par les cellules épithéliales.

Après 2 à 4 h passées dans l'estomac, le bol alimentaire est suffisamment brassé avec les sucs gastriques. Le chyme est ensuite évacué vers le duodénum.

I.B.2. Digestion et absorption intestinale

La digestion intestinale se fait avec l'aide de glandes annexes qui sont le foie et le pancréas. Le chyme acide provenant de l'estomac est neutralisé par la pepsine active du foie, par le bicarbonate contenu dans les sécrétions pancréatiques et de la muqueuse, et par les glandes de Brunner de la sous muqueuse duodénale (Baron, 2000; Konturek *et al.*, 2004).

La digestion des protéines amorcée dans l'estomac se poursuit dans l'intestin par les protéases pancréatiques et les peptidases des entérocytes. Ces protéases sont des endopeptidases ou des exopeptidases (trypsine, chymotrypsine ou élastase). Les peptides issus de l'action des protéases sont hydrolysés en acides aminés par les peptidases de la bordure en brosse et du cytoplasme des entérocytes. Les protéines digérées dans l'intestin sont d'origine alimentaire mais aussi endogène. Les protéines d'origine endogène proviennent généralement des enzymes, des bactéries ou des squames des entérocytes. Les acides aminés libres issus de la digestion sont absorbés dans l'intestin. L'absorption se fait par diffusion si la structure de l'acide aminé lui confère des propriétés hydrophiles. Dans le cas contraire, l'absorption se fait par l'intermédiaire de transporteurs ions sodiums dépendant ou indépendant. Bien que la plupart des protéines ingérées soient transformées en acides aminés dans l'intestin, une partie parvient à passer dans la circulation sanguine sous la forme de peptides (Erickson & Kim, 1990).

La digestion des lipides est précédée de leur émulsion par des sels biliaires sécrétés par le foie. Cette émulsion aboutit à la formation de micelles sur lesquelles viennent se fixer les colipases servant d'ancrage à la lipase pancréatique. La colipase et la lipase pancréatique sont responsables de l'hydrolyse des triglycérides et des estérases. Ces estérases sont elles-même à l'origine de l'hydrolyse des autres composés lipidiques tels que les

Chapitre 1

phospholipides, les cholestérols ou les esters de cholestérol. L'hydrolyse des lipides libère des acides gras libres, des mono et di-glycérides, du glycérol, de la phosphatidylcholine et du cholestérol. Leur absorption se fait par diffusion passive ou par des transporteurs à travers la membrane intestinale. Les lipides une fois dans l'entérocyte se réorganisent en chylomicron avant de passer dans la lymphe par exocytose (Thomson *et al.*, 1993).

La digestion des glucides (amidon) est assurée par l'amylase pancréatique. Elle agit sur les liaisons osidiques en α-1-4 de l'amylose et de l'amylopectine. Cette hydrolyse conduit à la formation de maltotrioses, de maltoses et de dextrines dans le suc intestinal (Corring & Rerat, 1988). Puis, les oligo- ou di-saccharidases (α ou ß) de la muqueuse intestinale interviennent en fin de digestion pour libérer des oses simples. Parmi les principales α-disaccharidases, on retrouve les complexes saccharase-isomaltase (EC 3.2.1.48/10) et maltase-glucoamylase (EC 3.2.1.20/3). Chaque complexe est formé de deux sous-unités liées de manière non covalente et possédant chacune un site actif (Galand, 1989). Le premier complexe hydrolyse les liaisons terminales en α et ß-(1->2), α-(1->4) et α-(1->6), tandis que le deuxième ne clive que les liaisons en α-(1->4). La production de la maltase et de l'amylase est plus importante si l'animal est nourri à un régime à haute teneur en amidon (peu de fibres) (Gidenne *et al.*, 2007b). Les oses libérés sont ensuite absorbés par la bordure en brosse entérocytaire par transport passif (fructose) ou transport actif couplé avec le sodium. Le passage de ces sucres (galactose et glucose) vers le sang se fait ensuite par transport passif au niveau de la membrane basale entérocytaire (Wright *et al.*, 2003).

I.B.3. Digestion caecale ou microbienne

Si l'amidon est bien digéré par les enzymes intestinales, la digestion des glucides pariétaux par contre a lieu principalement dans le caecum et nécessite l'intervention des enzymes bactériennes.

Les fibres alimentaires constituent la principale source de glucide pour les bactéries caecales. Ce sont la lignine (non glucidique) et les polysaccharides non amylacés (PNA). Il existe 4 types de PNA dont une partie est soluble dans l'eau et une autre à l'instar de la lignine est insoluble. Les PNA insolubles sont la cellulose, hémicellulose et une partie des pectines. Les fibres solubles sont les pectines hydrosolubles, β-glucanes et les certains arabinanes et arabinoxylanes (hémicelluloses solubles). La technique de Van Soest (Van Soest, 1963) permet le dosage ces différentes fractions de fibres (**Figure 5**).

Les fibres, l'amidon, les mucopolysaccharides et les autres oligosaccharides ayant échappés à la digestion ou à l'absorption intestinale sont dégradés en hexose et pentose par les enzymes bactériennes. Ils sont ensuite fermentés en pyruvate dans les bactéries et le pyruvate est à son tour transformé en acides gras volatils (AGV) avec production de gaz (H_2, CO_2, CH_4) (**Figure 6**). Plusieurs techniques permettent d'estimer les activités enzymatiques des bactéries (Boulahrouf *et al.*, 1991). La digestibilité des fibres permet d'estimer globalement l'activité bactérienne. L'activité de la pectinase est généralement supérieure à celle de la xylanase, elle-même supérieure à celle de la cellulase ce qui est cohérant avec la digestibilité élevée des substances pectiques par rapport à celle de la cellulose chez le lapin (Debray *et al.*, 2002; Pinheiro, 2002). Cette variation de la digestibilité est en relation avec la forte implantation des bactéries du genre *Bacteroides* qui serait principalement pectinolytique (Sirotek *et al.*, 2001).

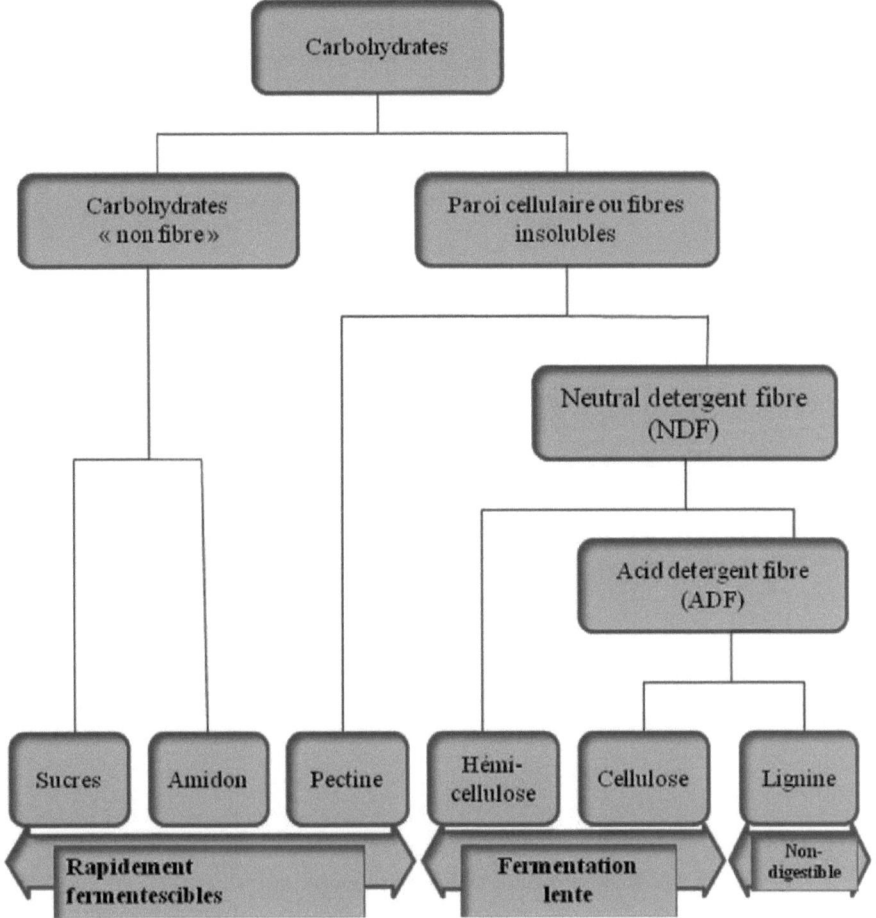

Figure 5: Nature des fibres alimentaires et méthodes de dosage

Les AGV produits à la suite de la fermentation sont des acides à courte chaine utilisés par le lapin comme source d'énergie couvrant 10 à 40% des besoins d'entretien. Ils sont souvent sous la forme d'anions libres plutôt que d'acides libres. Ils sont absorbés par diffusion passive à travers la paroi caecale. Les AGV majeurs sont l'acide acétique (C_2), l'acide propionique (C_3) et l'acide butyrique (C_4). Le profil fermentaire du lapin est spécifique par rapport à celui des ruminants et des autres monogastriques à quelques exceptions près. En effet l'acétate est prédominant (70 à 80% des AGV totaux) suivi du butyrate (8 à 20% des AGV totaux) et du propionate (3 à 10% des AGV totaux) (Bellier, 1994). Cette inversion de la production de C_4 et de C_3 serait due à la prédominance du genre *Bacteroides* qui est responsable de la production de C_4. Le profil fermentaire du lapin est donc tributaire du microbiote caecal.

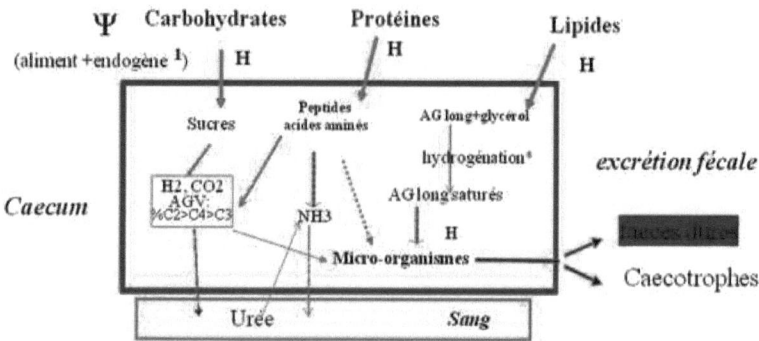

Ψ : substrats primaires, echappant à l'absorption dans l'intestin grêle, utilisables par les microorganismes
(1) Aliment = amidon, fibres ; Endogène = polysaccharides du mucus,
    protéines des cellules épithéliales, enzymes, ...

H = hydrolyses de polymères
AGV : (C2=acetate; C3=propionate; C4= butyrate)   * : hydrogénation des AG longs insaturés
NH3 : ammoniaque

Figure 6: Métabolisme caecal des principaux nutriments (Gidenne, 1997)

Il existe dans le caecum, en plus des activités fibrolytiques, une activité métabolique de l'azote et une absorption de certains minéraux notamment le phosphate. Ces activités métaboliques (protéolytiques et uréolytiques) aboutissent à une production d'ammoniaque suite à la fermentation des acides aminées endogènes (bactéries lysées, mucus, cellules épithéliales desquamées, urée). L'ammoniaque produit peut être absorbé directement à travers la membrane par la muqueuse caecale pour la biosynthèse microbiennes (Crociani *et al.*, 1985). Les produits de la biosynthèse sont partiellement recyclés lors de la caecotrophie par le lapin.

Le temps de séjour des particules alimentaires dans le caecum est fonction de leur taille. Le temps de rétention des particules grossières (diamètre >300µm) varie de 7 à 16 heures contre 16 à 46 heures pour les particules dites fines (diamètre < 300µm) et les liquides (Gidenne, 1997). Le contenu caecal est ensuite évacué vers le côlon proximal, puis distal dans lequel 2 types distincts de pelotes fécales sont formées.

I.B.4. Caecotrophie et crottes dures

L'excrétion de caecotrophes (en grappe et recouvert de mucus) et des crottes dures sont 2 mécanismes distincts qui ont lieu à différents moments de la journée. Le rythme d'excrétion de ces 2 types de pelotes fécales est dépendant du rythme d'ingestion du lapin. Les crottes dures sont émises en grande quantité la nuit, où l'ingestion alimentaire est la plus importante. Les caecotrophes sont quant à elles émises durant la période de faible ingestion dans la matinée et en début d'après-midi sur une période unique de 7 heures environ. La caecotrophie s'opère grâce au fonctionnement dualiste du côlon proximal. Elle apparaît dès que le lapereau commence à ingérer des aliments solides (après 3 semaines d'âge). Les caecotrophes correspondent au contenu caecal qui passe par le côlon sans subir de changements importants (particules fines et grossières). Par contre, la production de crottes dures, implique de nombreuses modifications du contenu caecal au cours de son dernier passage dans le côlon proximal. Lorsque le contenu caecal s'engage dans le côlon proximal, ce dernier présente une succession de contractions avec alternance de contractions péristaltiques, puis antipéristaltiques. Ainsi les grosses particules (>300 µm) principalement les fibres poursuivent leur transit dans le côlon distal, les particules fines sont refoulées vers le caecum pour y subir une nouvelle dégradation bactérienne (**Figure 7**) (Gidenne, 1997).

Le côlon distal agit en plus comme une « essoreuse » déshydratant l'excrément en devenir. L'eau ainsi que les AGV et les minéraux sont intensément absorbés dans le côlon surtout au niveau du *Fusus coli*. La pratique de la caecotrophie présente un intérêt nutritionnel important par son apport en protéines de haute valeur biologique (environ 30% d'origine microbienne) et des vitamines hydrosolubles (Gidenne & Lebas, 2006). La composition des caecotrophes est similaire à celle du contenu caecal mais différent de celle des crottes dures (**Tableau 1**).

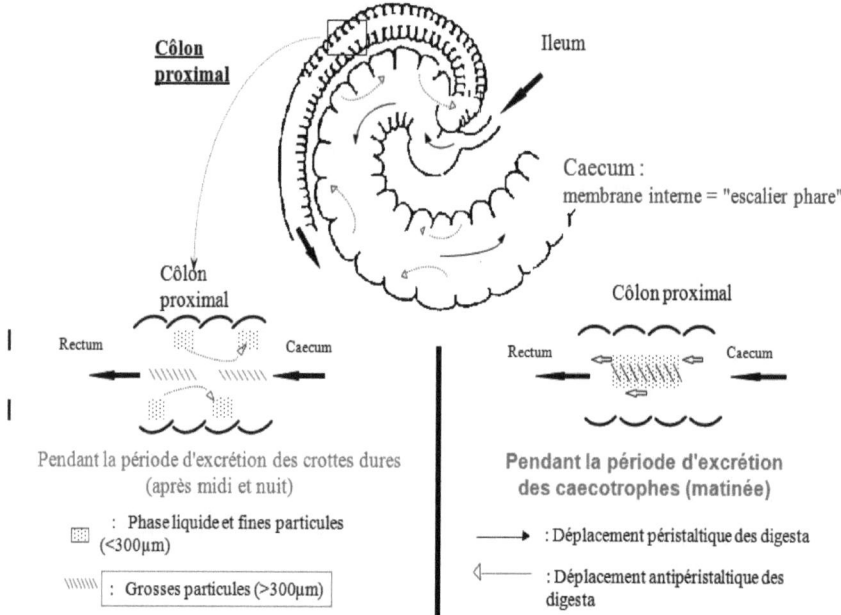

Figure 7: Mouvement des digesta dans le segment caeco-colique (Gidenne, 1997)

Le caecum du lapin au point, de vu fonctionnel peut être comparé au rumen chez les ruminants. Il est le siège d'activités fermentaires intense provenant de la biocénose dont les AGV sont les produits terminaux. Ils couvrent 10 à 40% des besoins énergétiques d'entretien du lapin. Le profil fermentaire est constitué majoritairement de l'acétate (70 à 80%), ensuite du butyrate (8 à 20%) et du propionate (3 à 10%).

Tableau 1: Composition chimique des caecotrophes et des fèces dures en %MS (Gidenne & Lebas, 2006)

	Crottes dures	Caecotrophes
MS %	48-66	18-37
MAT	9-25	21-37
Cellulose brute	22-54	14-33
Lipides	1,3-5,3	1,0-4,6
Minéraux	3-14	6-18

II. CARACTERISATION DE L'ECOSYSTEME CAECAL

L'**écosystème** caecal peut se définir comme l'association formée par la communauté des microorganismes (**biocénose**) et le milieu caecal (**biotope**) (Gidenne et al., 2007a). La biocénose caecale est constituée de nombreux microorganismes qui jouent un rôle important dans la digestion. L'abondance de microorganisme dépend de la stabilité du biotope. Ce dernier est caractérisé par une teneur en matière sèche qui se situe entre 21 et 23%, le pH autour de 6 (légèrement acide) et une absence d'oxygène (anaérobie). La biocénose totale comprend une biocénose commensale (autochtone, permanente) et biocénose transitoire dont une partie est constituée de pathogènes potentiels.

Chapitre 1

II.A. ETUDE QUALITATIVE ET QUANTITATIVE

Les techniques culturales ont permis d'obtenir des informations sur les bactéries (taxonomie, écologie, physiologie). Cependant, reproduire *in vitro* les conditions de croissance des microorganismes est difficile et seule une partie des microorganismes du caecum est identifiable. Ce faible rendement serait surtout dû au fait que la grande majorité des microorganismes (70 à 80%) ne sont pas cultivables ou que l'on ne connaît pas encore les milieux de cultures adaptés à ces microorganismes. Le développement des techniques de microbiologie moléculaire a permis aujourd'hui l'identification d'un nombre important de microorganismes dans les écosystèmes digestifs comme le caecum.

II.A.1. Mise en place de la biocénose caecale chez le lapereau

Chez l'homme le microbiote digestif est présent dès la naissance grâce à la contamination maternelle. La période de colonisation ne dure que 2 semaines (Gournier-chateau *et al.*, 1994). Les espèces majoritairement rencontrées dans le tube digestif humain sont les *Bifidobacterium spp.* et les *Bacteroides*. La population microbienne naturelle sous dominante est représentée par les *Lactobacillus*.

Chez le lapin, le caecum est encore stérile 3 jours après la naissance (Gouet & Fonty, 1979). Une semaine après la naissance, le microbiote atteint 10^7 à 10^8 bactéries/g de matière caecale. Cette concentration de bactéries reste constamment élevée (10^9 à 10^{10} bactéries/g) durant toute la vie du lapin. Cependant la composition structurale varie au cours de la croissance. Durant les 2 premières semaines d'âge, les concentrations caecales en bactéries anaérobies facultatives et en bactéries anaérobies strictes sont égales (10^7 à 10^{10} bactéries/g). Toutefois à la fin de la 2ième semaine, la concentration de bactéries anaérobies facultatives baisse fortement (10^2 à 10^4 bactéries/g) et tend à disparaître au profit des bactéries anaérobies strictes au sevrage (28 jours d'âge) (**Figure 8**).

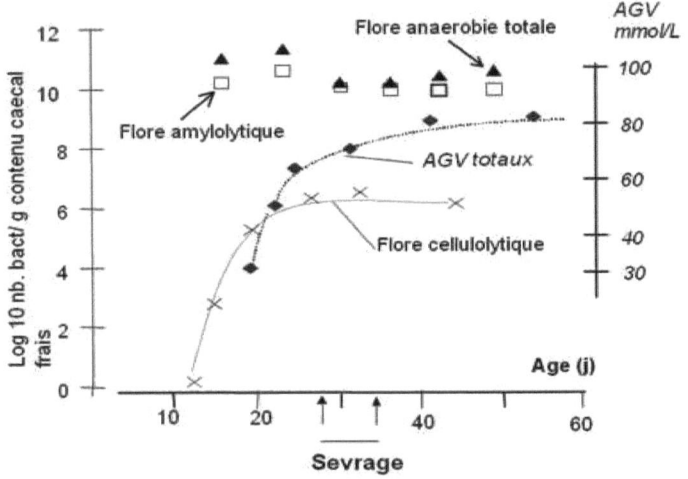

Figure 8: Installation de la flore et activité fermentaire au cours de la croissance du lapin (Gidenne et al., 2008)

Le microbiote caecal est essentiellement composé de bactéries anaérobies strictes et de bactéries anaérobies facultatives.

La population bactérienne anaérobie stricte est caractérisée par une nette prédominance des bactéries anaérobies strictes non sporulées (10^{10} à 10^{11} bactéries/g) du genre *Bacteroides* (Gouet & Fonty, 1979). Une partie de ces bactéries est impliquée dans la dégradation des fibres. Les espèces cellulolytiques apparaissent à la deuxième semaine d'âge lorsque les lapereaux commencent à ingérer des aliments solides (Boulahrouf et al., 1991). Cette population microbienne cellulolytique croît lentement pour se stabiliser à partir de 25 jours d'âge à $4,5.10^6$ bactéries/g. Les genres *Bifidobacterium*, *Clostridium*, *Streptococcus* et *Enterobacter* 100 à 1000 fois plus faibles, complètent la population bactérienne caecale. Les *Clostridium* sulfo-réducteurs apparaissent au sevrage (28 jours) et atteignent une concentration de 10^5 à 10^6 bactéries/g avant de régresser à 10^4 bactéries/g entre 42 et 56 jours. Le microbiote amylolytique suit la même évolution que celui des anaérobies totales (Padilha *et al.*, 1995).

Le microbiote anaérobie facultatif apparaît à la première semaine d'âge et se compose exclusivement d'entérobactéries telles *qu'Escherichia coli* et les streptocoques. Ces microorganismes atteignent leur optimum respectivement au 14ième jour d'âge (10^7 à 10^9 bactéries/g) et 21ième jour (10^7 bactéries/g). Le microbiote anaérobie facultatif décroît rapidement au sevrage.

Grâce à la technique d'hybridation de sondes ARN 16S, Bennegadi (2002) a identifié la présence de bactéries de type *Archaea* dans le caecum. Le caecum et le reste du tube digestif du lapin sont exempts de lactobacilles (Gouet & Fonty, 1979).

La biocénose caecale du lapin au sevrage serait ainsi composée d'un microbiote dominant (*Bacteroides*), d'un microbiote sous dominant (*Clostridium*) et d'un microbiote mineure (*Streptococcus* et *E. coli*).

De toutes ces études, aucune n'a décelé la présence de levures commensales dans le caecum du lapin. Cependant, la présence de levures du genre *Saccharomycopsis guttulata* a été signalée à une concentration de 10^6 levures/g dans le caecum (Forsythe & Parker, 1985; Peeters, 1987). Toutefois, ces résultats n'ont pas encore été confirmés par d'autres chercheurs.

II.A.2. Activités microbiote caecal

Le caecum joue un rôle essentiel dans la physiologie nutritionnelle chez le lapin. Il est le siège des diverses activités microbiennes (enzymatiques et fermentaires). Les glucides et les polysaccharides pariétaux sont les principaux substrats pour les bactéries qui s'y trouvent.

° Activités fermentaires

L'activité amylolytique et cellulolytique aboutissent à la production de glucides simples qui sont ensuite fermentés par d'autres bactéries pour aboutir à la production d'AGV. Les AGV majeurs sont l'acétate, le propionate et le butyrate et les AGV mineurs sont l'acide valérique C_5, l'isobutyrate (iC_4) et l'iso valérique (iC_5). La concentration caecale en AGV totaux croît avec l'âge du lapin. Entre 15 et 22 j, la concentration passe de 8 à 34 mm/l du contenu caecal et à plus de 50 mmol/l au sevrage (28 j). Elle atteint 70 mmol/l à 45 j **(Figure 9)** (Padilha et al., 1995; Gidenne et al., 2007a). Cette variation de la concentration en AGV est marquée par une inversion des proportions de propionate et de butyrate. En effet, la concentration de butyrate (6-14%) augmente avec l'âge tandis que celle de propionate (6-8%) reste stable. Le ratio propionate/butyrate qui est supérieur à 1 avant le sevrage (3,8 à 15 jours), devient inférieur à 1 (0,5 à 49 jours) après le sevrage (Adjiri et al., 1992; Adjiri et al., 1995). Chez les autres herbivores, le ratio propionate/butyrate reste toujours supérieur à 1.

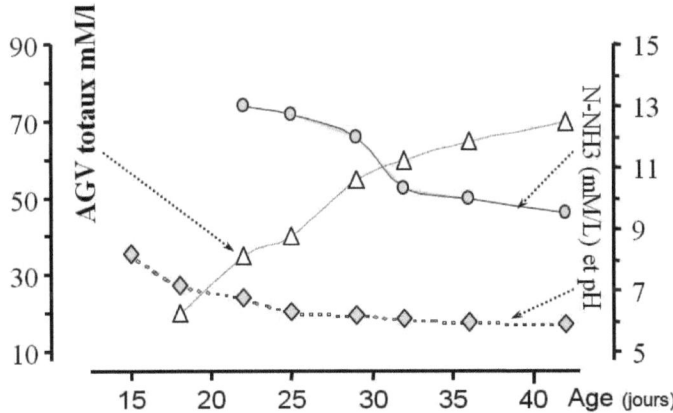

Figure 9: Evolution de l'activité fermentaire caecale en fonction de l'âge (Fortun-Lamothe & Gidenne, 2001)

Chapitre 1

○ Activités enzymatiques fibrolytiques

La digestion cæcale caractérisée par la fermentation est précédée par une dégradation enzymatique. Cette activité métabolique est l'œuvre de divers microorganismes, majoritairement dominés par les bactéries protéolytiques, uréolytiques et par les bactéries utilisatrices de NH_3. Ce sont principalement les *Clostridium* et *Bacteroides vulgates* (Crociani *et al.*, 1984; Forsythe & Parker, 1985). Ensuite, suit le groupe des bactéries fibrolytiques composées de bactéries cellulolytiques (*Eubacterium* et *Bacteroides*) et de bactéries pectinolytiques et xylanolytiques (*Prevotella ruminicola*). Le 3ième et le 4ième groupe sont respectivement les bactéries amylolytiques et les bactéries méthanogènes telles que *Methanosphaera cuniculi*. Ces bactéries sont en nombre très réduit (Biavati *et al.*, 1988; Padilha *et al.*, 1995). Les enzymes intervenant dans la dégradation des fibres sont les pectinase dont la production augmente fortement entre le sevrage (28 j) et l'âge sub-adulte (42 j) où elle se stabilise autour de 180 µmol.suc.réd./g MS/h (**Figure 10**). L'activité xylanasique (80µmol.suc.réd./g MS/h) et cellulasique (20µmol.suc.réd./g MS/h) ne subissent pas de variations notables avec l'âge du lapin.

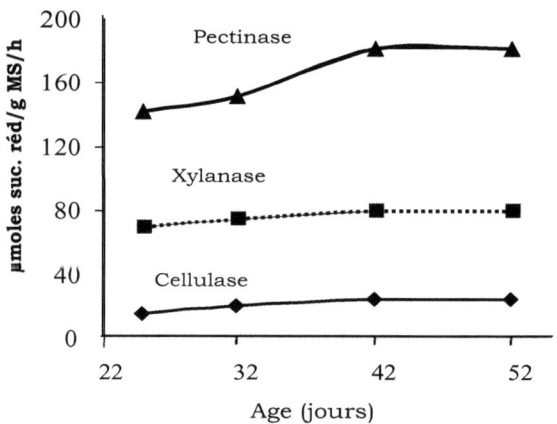

Figure 10: Activité enzymatique fibrolytique des bactéries du caecum (Gidenne *et al.*, 2000)

Chapitre 1

II.A.3. Caractérisation du biotope caecal

Le biotope caecal est caractérisé par la mesure de ses paramètres physiques (température, pH, matière sèche, viscosité, O_2, CO_2, etc.) et biochimiques (acides organiques, protéines, enzymes, etc.). Bien que de nombreuses études soient consacrées au milieu caecal, certains paramètres notamment la production de certains gaz (H_2, CO_2, CH_4) et le potentiel redox sont encore mal connus. L'ensemble des paramètres généralement étudiés varient en fonction de l'âge, du régime et de l'état sanitaire du lapin (Bennegadi *et al.*, 2003; Asmenskaite *et al.*, 2007; Castellini *et al.*, 2007). La mesure du potentiel redox (E_h) pourrait permettre d'estimer l'état d'anaérobiose du milieu, comme cela a été effectué chez le ruminant (Marden *et al.*, 2005; Marden, 2007). La mesure du E_h dans un milieu aqueux tel que le contenu ruminal ou cæcal permet d'estimer la capacité de ce milieu à céder et à capter des électrons ou de l'hydrogène. Les couples redox généralement concernés sont d'une part les CO_2/CH_4, SO_4^{2-}/SH^- où dominent les bactéries méthanogènes, et d'autre part les S/SH^-, CO_2/CH_3COO^- pour les bactéries acétogènes. Contrairement au rumen, il n'existe pas d'étude qui décrive le E_h dans le cæcum du lapin. La mise au point d'une méthode de mesure du E_h doit être faite de sorte à éviter la contamination du milieu de mesure par l'air atmosphérique (Nordstrom & Wilde, 1998), sous peine de modifications des caractéristiques physico-chimiques du biotope et d'erreurs de mesure du E_h.

Chez les lapins diarrhéiques, le contenu caecal devient plus liquide ce qui est l'expression d'une baisse de la matière sèche à 17 % environ. Une chute de la concentration des acides gras volatils et des proportions est aussi constatée dans les cas de diarrhée (de 40% pour le butyrate et de 10% pour l'acétate). Parallèlement, la concentration de l'azote ammoniacal, la proportion des AGV mineurs et le pH cæcal augmentent chez les malades comparativement aux lapins sains. Le pH augmente de 0,7 point. Le NH_3 est multiplié par 2 et par 7 pour les AGV mineurs. Le ratio propionate /butyrate est multiplié par 6 chez des lapins malades âgés de 36 à 65 jours (**Tableau 2**) (Bennegadi *et al.*, 2003).

Tableau 2: Comparaison des caractéristiques caecales entre lapins conventionnels sains et lapins diarrhéiques (Bennegadi, 2002)

	Etat sanitaire		Analyse statistique	
	Sains	Diarrhéiques [#]	CVr, % [1]	Probabilité
Age (jours)	42 à 70	36 à 65		
Nombre d'animaux	100	19		
Poids vif (PV), g	1864	1222	30,8	<0,001
Caractéristiques caecales				
Cæcum vide (CV), g	30,7	22,3	27,7	<0,001
CV /PV, %	1,67	1,90	17,9	<0,01
Contenu cæcal sec (CCs), g	25,3	19,4	34,0	0,012
Matière sèche (MS), %	23,3	16,6	11,3	<0,001
Paramètres fermentaires				
pH	6,00	6,71	7,5	<0,001
NH_3, mmol /litre	11,3	27,0	38,7	<0,001
AGVt, mmol /litre	52,2	31,7	35,8	<0,001
Acétate, C_2, %	77,7	69,7	6,6	<0,001
Propionate, C_3, %	6,0	15,0	40,0	<0,001
Butyrate, C_4, %	15,5	9,8	31,7	<0,001
Ratio C_3/C_4	0,37	1,87	81,8	<0,001
AGV mineurs, %	0,77	5,23	96,4	<0,001

[#] : lapins en diarrhée aiguë ; [1] : Coefficient de variation résiduel

II.A.4. Techniques d'études de l'écosystème

La biocénose caecale ou ruminale est liée à 2 facteurs essentiels. Il y a les facteurs liés à l'animal (l'individu et l'âge) et les facteurs externes (aliment, médicament etc.). L'alimentation ou les médicaments constituent les facteurs externes les plus courants qui ont un effet direct sur l'écosystème digestif. Les espèces microbiennes constituant la biocénose de cet écosystème peuvent être regroupées selon leurs caractéristiques phénotypiques ou moléculaires (Fonty & Chaucheyras-Durand, 2007). Le nombre d'espèces différentes selon ces critères de description constitue la *diversité spécifique*. Le thème diversité spécifique est en réalité l'association des notions de richesse et d'abondance. Les techniques de culture *in vitro* longtemps utilisées n'ont permis que la mise en évidence d'une partie de la biodiversité microbienne. Ces techniques sont toujours utilisées et restent fiables lorsqu'elles visent des espèces connues. Les nouvelles techniques moléculaires ont permis la découverte de nombreuses nouvelles espèces bactériennes. Elles sont souvent basées sur l'amplification et l'hybridation de l'ADN ribosomal 16S (ADNr 16S). L'ADNr 16S est un gène représenté chez toutes les espèces. Il ne subit pas de mutation majeure au cours de l'évolution. Les techniques les plus utilisées sont, l'hybridation, les empreintes génétiques et les inventaires moléculaires (**Tableau 3**).

Les techniques d'hybridation consistent à identifier et à dénombrer des espèces bactériennes en détectant dans un échantillon la présence de certaines séquences d'ADN. Les hybridations ADN-ADN, utilisées en bactériologie, sont réalisées à partir d'un mélange de deux ADN dénaturés provenant de deux bactéries différentes. Dans ces conditions, on obtient d'autant plus de duplex hétérologues que les séquences d'ADN des micro-organismes étudiés sont proches. Dans les techniques classiques l'un des ADN est généralement marqué par un isotope radioactif ou par une enzyme afin de reconnaître la provenance de chaque brin d'ADN dans les hybrides. Les techniques plus modernes, comme celles faisant appel à la spectrophotométrie, ne nécessitent pas de marquage. Ces techniques permettent aussi de détecter et de quantifier les microorganismes connus ou des groupes de microorganismes dont les séquences d'ARN 16S figurent dans les banques de données. Elles utilisent de courtes séquences d'ADN (sondes) qui sont hybridées avec l'extrait d'ARN microbien de l'échantillon étudié.

Chapitre 1

Tableau 3: Principales techniques d'écologies moléculaires pour l'étude de l'écosystème microbien, avantages et inconvénients (Zoetendal *et al.*, 2004)

Méthodes	Applications et avantages	Limites
Culture	Idéal pour l'isolement des souches	Non représentatif ; lent et laborieux
Séquençage de l'ADNr 16S	Identification phylogénétique	Laborieux ; biais possibles dus à la PCR
DGGE/TGGE/TTGE	Suivi de la dynamique de communauté/populations ; analyse comparative rapide	Biais lié à la PCR ; semi-quantitatif ; l'identification ultérieure requiert de faire une banque de clones
T-RFLP	Suivi de la dynamique de communauté/populations ; analyse comparative rapide ; méthode sensible	Biais lié à la PCR ; semi-quantitatif ; l'identification ultérieure requiert de faire une banque de clones
SSCP	Suivi de la dynamique de communauté/populations ; analyse comparative rapide	Biais lié à la PCR ; semi-quantitatif ; l'identification ultérieure requiert de faire une banque de clones
FISH	Détection ; dénombrement ; analyse comparative avec système automatisé	Nécessite d'avoir des informations liées aux séquences ciblées ; laborieux lorsqu'on se place au niveau de l'espèce
Hybridation en dot-blot	Détection ; estimation de l'abondance relative	Nécessite d'avoir des informations liées aux séquences ciblées ; laborieux lorsqu'on se place au niveau de l'espèce
PCR quantitative	Détection ; estimation de l'abondance relative	Laborieux
Puces à ADN (diversité)	Détection ; estimation de l'abondance relative	En cours de développement ; coût élevé
Profil de séquences non 16S-RNA	Suivi de la dynamique de communautés/populations ; analyse comparative rapide	L'identification nécessite des approches complémentaires basées sur l'ARNr 16S

Les techniques des empreintes génétiques et inventaires moléculaires ou de « fingerprint » permettent de réaliser un suivi des différentes populations microbiennes présentes dans un échantillon à l'aide de techniques s'appuyant sur la séparation séquence-spécifique de fragments d'ADN (DGGE, TGGE, SSCP, T-RFLP, etc.). Ces techniques sont utilisées pour le calcul des index de biodiversité ou de similarité de la population microbienne (Carabaño *et al.*, 2006). La DGGE (Denaturing Gradient Gel Electrophoresis) est basée sur la différence de migration entre les nucléotides (ADN 16S) en fonction de leur composition en nucléotides ou sur les propriétés de renaturation des différents brins d'ADN. La SSCP (Single Strand Conformation Polymorphism) est une technique où un gène d'intérêt (ADNr 16S) est amplifié par PCR puis dénaturé par chauffage à 94°C pour obtenir de l'ADN simple brin. Le produit est ensuite refroidi dans la glace pour éviter la réassociation des deux brins. Ces fragments sont ensuite séparés par électrophorèse non dénaturante contrairement à la DGGE. L'ensemble des bandes obtenues et détectées sous forme d'un profil de pics, indique la diversité de l'échantillon. L'aire sous chaque pic indique l'abondance relative de chaque microorganisme dans l'échantillon.

Ces différentes techniques d'étude du microbiote digestif présentent des avantages certains mais aussi des limites, résumés dans le **tableau 3-** (Zoetendal *et al.*, 2004). Toutes ces techniques moléculaires nécessitant une PCR préalable présentent un désavantage commun lié à la proportion de certains microorganismes dans l'échantillon. En effet, les microorganismes dont la proportion ne dépasserait pas les 0,1% ne seraient pas détectables par des techniques dépendantes de la PCR utilisant des amorces universelles (Muyzer *et al.*, 1993; Casamayor *et al.*, 2000).

La biocénose caecale du lapin sain est constituée en majorité de bactéries anaérobies strictes dont le genre *Bacteroides* est dominant (10^{10} à 10^{11} bactéries/g). On y trouve aussi un microbiote anaérobie facultatif minoritaire (1000 fois plus faible) tel que les *E. coli*, les streptocoques potentiellement pathogènes. Environ 80% de cette biocénose n'est pas

cultivable à l'heure actuelle. Grâce aux techniques de biologie moléculaire, de nouveaux genres (*Archaea*) ont été déterminés récemment. Le biotope caecal a un taux de MS de 23%, de NH_3 de 11 mMol/l, d'AGV total de 50 mMol/l et un pH de 6 chez les lapins sains entre 40 et 70 jours d'âge. Par contre en cas de trouble digestif, la MS peut baisser d'un quart, les AGV totaux de moitié, le NH_3 par contre peut doubler et le pH tendre vers la neutralité (pH 7).

CHAPITRE 2 : PROBIOTIQUES : CARACTERES GENERAUX ET IMPACT EN ALIMENTATION ANIMALE

I. DEFINITION

Les techniques d'élevage se sont rationalisées, dans le but de couvrir les besoins de plus en plus croissants de la population mondiale. En parallèle, l'utilisation de substances médicamenteuses dans l'alimentation des animaux a contribué à l'amélioration de l'état sanitaire et des performances zootechniques des animaux d'élevage (Russell & Strobel, 1989; Newbold & Wallace, 1988). Cependant, les crises alimentaires et sanitaires qui ont touché l'Europe récemment, les risques d'antibiorésistance et une opinion publique de plus en plus réticente face aux additifs ont contraint les autorités à la mise en place d'une réglementation (Corpet, 1999a). Ainsi on a assisté à une interdiction de certains antibiotiques facteurs de croissance ionophores (monensin, lasalocide) et non ionophores (avoparcine) en élevage en janvier 2006 au sein de l'U.E.

Pour faire face à ces interdictions, des solutions alternatives en accord avec la législation européenne sont recherchées. L'incorporation d'organismes vivants ou revivifiables dans les aliments est de plus en plus pratiquée par les spécialistes de l'agroalimentaire. Des effets bénéfiques sont mis en avant par ceux-ci notamment sur l'équilibre et le bon fonctionnement du microbiote digestif, la régulation du système immunitaire intestinal ou le renforcement de la barrière intestinale. Ces microorganismes constituent la « famille » **des probiotiques**. Les probiotiques ont été ainsi définis comme des préparations de micro-organismes vivants utilisées comme additif alimentaire, et qui ont une action bénéfique sur l'animal hôte par l'amélioration de la digestion et l'hygiène intestinale (Parvez *et al.*, 2006). Les microorganismes probiotiques utilisés sont généralement des bactéries (Trocino *et al.*, 2005; Guerra *et al.*, 2007) et des levures (Onifade & Babatunde, 1996; Santos *et al.*, 2006; Marden, 2007). D'une façon générale, un additif alimentaire constitué de microorganismes vivants ou revivifiables est appelé « probiotique » lorsqu'il respecte les critères fondamentaux selon la loi européenne. Le premier critère est la qualité du produit qui correspond à une identification scientifique et un contrôle de la stabilité de celui-ci. Le second point est la preuve de l'efficacité du produit voire si possible connaître son mode d'action, ses effets zootechniques et sanitaires, la dose minimale active ou son efficacité économique (Wolter, 1990). Et enfin, s'assurer de l'innocuité pour le consommateur, l'animal, l'utilisateur et pour l'environnement de cet additif.

Les probiotiques peuvent être différenciés en fonction du génome, de la composition de la paroi cellulaire, de la capacité d'adhésion à la cellule épithéliale en culture ou à des mucus, et à la capacité de produire des substances antimicrobiennes. En dehors de ces caractéristiques, les propriétés technologiques et les conditions dans lesquelles les probiotiques sont ingérés peuvent constituer un critère de classification, car elles influencent souvent leur mode d'action dans le tube digestif.

Les microorganismes probiotiques sont habituellement présents dans l'écosystème digestif des animaux (bactéries en majorité). Toutefois les microorganismes tels que *Bacillus* (bactéries) ou *Saccharomyces* (levure) ne sont pas systématiquement rencontrés dans la biocénose digestive du lapin.

II. CARACTERES GENERAUX DES BACTERIES PROBIOTIQUES

Plusieurs « genres » bactériens sont utilisés comme probiotique. Les plus couramment rencontrés sont les *Lactobacillus (acidophilus* ou *bulgaricus), Streptococcus (latis* ou *faecium), Bacillus (subtilis* ou *cereus).* Ces souches sont spécifiques entre elles et entre espèces. Ainsi Marteau & Shanahan (2003) ont observé que la survie dans l'intestin des *Lactobacillus* est différente selon les espèces. D'autres souches de *Lactobacillus* diffèrent pour leur propriétés d'antagonisme vis-à-vis de la souche *d'Hellicobacter pylori* (Wendakoon et al., 1998). Au sein de la même espèce ont constate des différences intrinsèques de propriété entre souches. De nombreux travaux ont rapporté des différences de propriétés antibactériennes ou d'adhésion à des cellules épithéliales et au mucus (Ouwehand et al., 2001; Duc et al., 2004; Gagnon et al., 2004). Les effets d'une souche ne peuvent donc pas être extrapolés à une autre. De plus les espèces sur lesquelles sont utilisés ces probiotiques sont différentes ou simplement subissent des conditions d'élevage différentes. Il est donc conseillé de prendre avec beaucoup de réserves certains résultats comparant les effets des probiotiques car les souches souvent utilisées sont différentes bien qu'appartenant à la même espèce. Cependant de manière générale, des effets communs des probiotiques d'origine microbienne ont été observés chez les monogastriques (Guerra et al., 2007; He et al., 2008; Wenus et al., 2008) ainsi que chez les ruminants (Chaucheyras-Durand et al., 2006; Fleige et al., 2007)

II.A. EFFET DES BACTERIES PROBIOTIQUES CHEZ LES MONOGASTRIQUES

Chez le porcelet, l'utilisation de probiotiques à base de bactéries lactiques notamment *Pediococcus acidilactici* NRRLB-5627, *Lactococcus lactis subsp.*

lactis CECT 539, *Lactobacillus casei subsp. casei* CECT 4043 et *Enterococcus faecium* à des doses respectives de 2,6.10^{10}, 1,4.10^{10}, 1,3.10^{10} et 1,110^{10} UFC/g permettait une amélioration significative du gain de poids de +1,6kg et de l'IC de -0,1 en moyenne entre 21 et 63 jours d'âge (Guerra *et al.*, 2007). Ces études ont aussi révélé chez les porcelets l'augmentation de la biomasse intestinale et la chute du nombre de coliformes. Pour Roselli et *al.*(2005) l'utilisation des probiotiques chez le porc a un effet positif sur la santé digestive de l'animal, se manifestant par une action préventive contre les troubles digestifs, l'inhibition de l'adhésion des pathogènes et l'action immunomodulatrice. L'administration par voie orale de *Streptococcus faecium* (7.10^8-3.10^{10} UFC/g) provoque la régression des souches d'*E. coli* pathogènes introduites, suivie de l'arrêt de la diarrhée et d'une augmentation de la croissance chez des porcelets gnotobiotiques (Underdahl *et al.*, 1983; Ushe & Nagy, 1985). *Bifidobacterium lactis* ou *Bacillus toyoi* ou encore *Bacillus licheniformis* réduisent la sévérité des diarrhées par l'inhibition du développement et la réduction du nombre d'enterococci et des coliformes notamment des *E. coli* entérotoxinogènes (ETEC) (Adami & Cavazzoni, 1999; Kyriakis *et al.*, 1999; Shu & Gill, 2001). Les probiotiques (exemple de *E. faecium*) inhibent l'adhésion à la muqueuse intestinale des pathogènes notamment celle de ETEC K88 grâce à leur action stérique (Devriese *et al.*, 1994; Kyriakis *et al.*, 1999). Des résultats similaires ont été obtenus par une équipe hongroise avec *Bacillus cereus* var. *toyoi* (Toyocerin R) (Andras *et al.*, 2008) et une équipe slovène avec *Enterococcus faecium* EK13 (Laukova *et al.*, 2006) chez le lapin. Du point de vue immunologique, les bactéries probiotiques participent au renforcement de l'immunité contre les affections intestinales (Erickson & Hubbard, 2000). Elles activent la production d'IgA et stimulent l'activité des macrophages ou des cellules NK (natural killer) (Perdigon *et al.*, 1995; Chiang *et al.*, 2000; Matsuzaki & Chin, 2000; Zanini *et al.*, 2007). Shu & Gill (2001) ont ainsi constaté que *B. lactis* à 3.10^8 UFC/g introduit pendant 7 jours dans l'alimentation des souris, leur permettait de résister à une infection de *E. coli* O157:H7. Le taux sanguin de phagocytes était significativement plus élevé chez les souris traitées. Ils ont aussi constaté que la charge bactérienne d'*E. coli* était 100 fois plus élevé chez le témoin. Chez l'homme plusieurs actions ont à l'actif des bactéries probiotiques dont l'inhibition des processus diarrhéiques et l'amélioration clinique des patients atteints de VIH (Gournier-chateau *et al.*, 1994). Chez le lapin tout comme chez les autres monogastriques, les effets positifs sur la santé digestive peuvent s'accompagner d'une amélioration des performances zootechniques. La supplémentation de l'aliment du lapin par *Bacillus cereus* var. *toyoi* à un taux de 2.10^5 et 1.10^6 spores/g d'aliment, améliorerait le poids final des animaux de 100 g, le GMQ de 2 g/j et l'efficacité alimentaire de 0,1 point (Trocino *et al.*, 2005). Ce probiotique a permis une réduction de la morbidité de ces lapins de 9 %.

II.B. EFFET DES BACTERIES PROBIOTIQUES CHEZ LES RUMINANTS

Comme pour les monogastriques, le but principal de l'utilisation des bactéries probiotiques chez les ruminants est la recherche de microorganismes susceptibles d'améliorer la santé et la productivité des animaux.

L'addition de probiotiques dans l'alimentation des ruminants augmente la dégradabilité de la matière sèche (MS) et la fermentation ruminale. Des études *in vitro* effectuées à l'aide d'une culture probiotique (*Enteroccocus faecium*) ont pu montrer une augmentation de la dégradabilité de la matière sèche et de la fermentation mesurée par le cumul de la production de gaz après 24 h d'incubation à 39°C. La production est d'environ 20 ml plus élevée lorsque l'incubation est faite avec le probiotique (71,7 ml) comparativement au témoin (50,9 ml) (Dutta & Kundu, 2005). Au-delà du volume de gaz produit, les travaux de ces auteurs ont montré que les proportions des différents acides gras volatils (AGV) sont influencées par les probiotiques. La concentration d'acétate est plus faible de -20 % lorsque la fermentation a lieu surtout en présence d'un apport combiné de levure *S. cerevisiae*-NCDC-45 (souche-522) et de bactérie *Lactobacillus plantarum*-NCDC-25 par rapport au témoin. Par contre, les concentrations de propionate et de butyrate sont plus élevées en présence de bactéries probiotiques (*E. faecium*). D'autres bactéries probiotiques (*Lactobacillus acidophilus*) sont utilisées pour stimuler la biocénose pendant la fermentation ruminale Dawson (1990) et Raeth-Knight et *al*.(2007). L'ingestion de bactéries probiotiques peut aussi provoquer des modifications structurales de la biocénose. Chez la chèvre, la supplémentation du régime en bactéries probiotiques augmente significativement la population de *Bacilli* dans le tube digestif (Kumagai *et al.*, 2004).

Les probiotiques sont aussi utilisés pour la prévention de zoonose notamment le « Shiga toxin-producing *E. coli* » vivant en commensalisme dans le tube digestif du ruminant, mais responsable de troubles digestifs graves chez l'homme. L'utilisation d'un probiotique tel que *Lactobacillus acidophilus* réduirait de plus de 50% la souche d'*E. coli* O157 responsable de cette zoonose (Chaucheyras-Durand *et al.*, 2006; Fairbrother & Nadeau, 2006). La souche utilisée par Fairbrother & Nadeau(2006) agirait par exclusion compétitive de « Shiga toxin-producing *E. coli* » pathogène.

Les probiotiques peuvent être dans certains cas inefficaces. En effet les études effectuées avec *E. faecium* sur le bouvillon ont montré que ce probiotique sans autre forme d'association ne présentait aucun effet sur les protéines de l'inflammation (Emmanuel *et al.*, 2007). De même un mélange de divers microorganismes probiotiques (*Lactobacilli, Bacilli, Streppococci, Saccharomyceteae, Candidae*) n'a aucune d'influence sur les paramètres zootechniques (ingestion, digestibilité) et fermentaires (AGV, NH_3, pH) chez les chèvres (Kumagai *et al.*, 2004).

Les bactéries probiotiques représentent une approche nouvelle du contrôle du microbiote digestif chez les mammifères et les oiseaux d'élevage. Elles assureraient indirectement une protection de l'hôte contre les infections digestives, et contribueraient à la stabilité de l'écosystème digestif, d'où une amélioration des performances zootechniques. Les bactéries probiotiques peuvent ainsi constituer une alternative à l'utilisation préventive des antibiotiques.

Bien que les bactéries probiotiques soient fréquemment utilisées, un intérêt de plus en plus grandissant est porté aux levures probiotiques notamment *Saccharomyces cerevisiae* et *S. boulardii* en santé humaine, mais aussi en élevage des ruminants (vache laitière) et des monogastriques (lapin, porc, volaille, etc.). Cette partie bibliographique portera principalement sur l'utilisation de *S. cerevisiae* en élevage bovins lait et surtout en élevage cunicole.

III. ETUDE D'UNE LEVURE PROBIOTIQUE *SACCHAROMYCES CEREVISIAE* : GENERALITES

La levure *S. cerevisiae* est utilisée depuis longtemps dans la panification et la fabrication de boissons alcoolisées, et plus récemment pour la production de bioéthanol ou biocarburant. Mais elle est aussi utilisée comme régulateur de la biocénose intestinale chez l'homme et comme additif alimentaire pour l'amélioration des performances zootechniques des animaux d'élevage. *S. cerevisiae* est une cellule eucaryote définie comme un champignon unicellulaire appartenant à la classe des ascomycètes. La levure se reproduit de manière asexuée par bourgeonnement. En conditions défavorables, elle forme des spores haploïdes qui peuvent fusionner pour donner des colonies de spores diploïdes. Elle se développe en milieu anaérobie et aérobie mais nécessite une source de carbone, d'azote, de vitamines et des sels minéraux. La croissance de *S. cerevisiae* se fait grâce à une réaction de fermentation en milieu anaérobie, et par la voie respiratoire en milieu aérobie. La respiration est plus efficace pour la production de l'énergie que la fermentation. Les produits de la fermentation sont l'éthanol et le dioxyde de carbone. L'équation de la réaction est la suivante :

$$C_6H_{12}O_6 \text{ (glucose)} \rightarrow 2C_2H_5OH + 2CO_2.$$

La température optimale de croissance se situe entre 20 et 25 °C. Quant au pH optimum, divers intervalles de croissance optimale sont proposés. Rose (1987) repris par Marden (2007) donne un pH optimum compris entre 4,5 et 5. Pour Rampal (1996) le pH optimum de croissance des levures se situe entre 4,5 et 6,4. Cependant ces différences pourraient être dues à la différence entre les souches. Du point de vue chimique, une cellule de levure est composée d'environ 75 % d'eau et 25 % de MS et constitue un aliment presque complet (**Tableau 4**). Les colonies d'une levure *S. cerevisiae (SC 47)* (Biosaf®) en culture sur gélose sont en forme étoilée (**Figure 11**).

Tableau 4: Composition chimique d'une cellule de levure

Composition	Taux (%MS)
Eau	75
Matière sèche	25
Hydrate de Carbone	18-44
Lipides	4-7
Protéines	36-60
Acides nucléiques	4,8
Minéraux	6-10

Minéraux dont : 1-3% de phosphate, 1-3% de potassium et 0,4% de soufre

S. cerevisiae est utilisé en industrie comme additif pour l'alimentation animale sous diverses appellations. Pour le groupe Lesaffre Feed Additive (LFA) le nom commercial de la levure utilisée est BIOSAF® et a été déposé à la collection

Nationale des Cultures de Levures, le 22/11/1973 à Norwich, en Angleterre où il existe déjà plus d'un millier de souches connues. La souche concernée est la NCYC Sc 47. C'est une souche pure (sans milieu de culture) de levures vivantes ou revivifiables. Il en est de même pour la souche CNCM I-1077 commercialisée par la société Lallemand sous le nom LEVUCELL®. Les souches associées au milieu de culture contrairement aux souches pures sont cultivées et séchées avec leur milieu de croissance. L'une de ces souches utilisées en association avec le milieu de culture est commercialisée par Alltech sous le nom de YEA-SACC® (souche CBS 493.94).

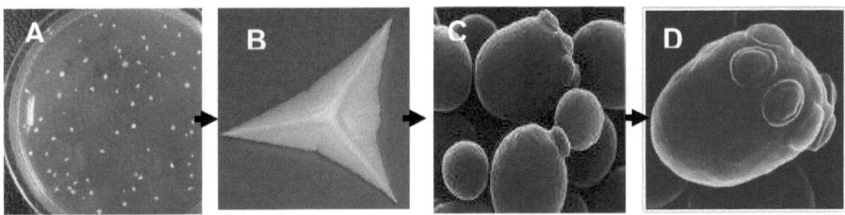

Photo 1: Photographies de S. cerevisiae : A et B vue à l'œil nu sur boite de pétrie en milieu gélosé (B est une colonie) ; C et D vue au microscope électronique (D cellule isolée)

La levure probiotique (*S. cerevisiae*) disparaît « rapidement » du tube digestif soit par excrétion ou par digestion. Pour assurer donc la présence permanente de la levure dans le tube digestif, elle devra être administrée régulièrement et doit être résistante à la digestion.

IV. *SACCHAROMYCES CEREVISIAE* CHEZ LES RUMINANTS

La levure a été introduite dans l'alimentation de la vache laitière depuis près d'un siècle. Les effets bénéfiques observés sur les fonctions digestives des vaches furent attribués à sa composition chimique (**Tableau 4**) (Carter &

Phillips, 1944). Le succès plus récent des cultures de levure dans le domaine de la production animale a donné lieu à de nombreuses recherches. L'intérêt croissant des scientifiques à l'étude des levures se manifeste par le nombre important d'articles publiés chaque année (Jouany, 2000). Les résultats de ces recherches montrent que les levures ont des effets bénéfiques sur la digestion notamment la dégradation des fibres et sur la biocénose digestive. Elles influenceraient le métabolisme du lactate, le pH et E_h dans le rumen, la croissance des veaux et la production de lait des vaches. Cependant toutes les levures vivantes ne sont pas identiques et les effets positifs attendus ne sont pas souvent obtenus.

IV.A. IMPACT DE *S. CEREVISIAE* SUR L'UTILISATION DIGESTIVE DE LA RATION CHEZ LES BOVINS

La majorité des résultats de recherches s'accorde à dire qu'un apport continu de levure probiotique au bovin a des effets positifs sur la digestion ou la fermentation ruminale (Miller-Webster *et al.*, 2002). L'impact positif de la levure *S. cerevisiae* sur la digestion est mesurable sur la digestibilité de la MS, de la MO, des fibres (NDF, ADF) et des constituants azotés.

IV.A.1. Digestibilité des constituants non azotés

L'effet de la supplémentation de deux doses 0,5 et 1% de levures (*S. cerevisiae*) dans l'aliment (en MS) a été étudié par Saremi *et al.*(2004) sur des veaux de race Holstein ayant bénéficié du lait maternel jusqu'à 52 jours d'âge. Ces animaux ont été aussi alimentés de concentrés et de fourrage 7 jours après la naissance jusqu'à 90 jours. Les animaux dont le régime contenait de la levure avaient une meilleure digestibilité de la MO. Par contre aucun effet sur la digestibilité des fibres (NDF, ADF) et sur celle des protéines n'a été observé. Ces résultats comme nous le verrons dans plusieurs autres cas ne sont pas homogènes et varient d'une étude à une autre, même quand les animaux utilisés sont de la même espèce et du même âge. Cependant, d'autres travaux effectués sur des jeunes bovins Holstein de 2 à 6 mois d'âge, dont le régime est complémenté de 20.10^9 UFC de levure *S. cerevisiae*/g d'aliment, n'ont présenté aucun effet significatif des levures sur la digestibilité de la MO, des protéines et des fibres (Ramirez *et al.*, 2003).

Chez la vache laitière la levure probiotique améliorerait la digestibilité de la MS (Wiedmeier *et al.*, 1987; Dann *et al.*, 2000), de la MAT (Gomez-Alarcon *et al.*, 1990) et du NDF (Mir & Mir, 1994) ou de l'ADF (Doreau & Jouany, 1998). D'autres études plus récentes ont montré une amélioration de la digestibilité de la MO, du NDF et de l'ADF lorsque le régime de la vache en lactation est complémenté avec la levure *S. cerevisiae* Biosaf® (Marden, 2007). Cette amélioration de la digestibilité n'est souvent pas très accentuée. Il peut souvent s'agir d'une tendance, comme dans le cas des travaux de Sobhani *et al.*(2006). Il est aussi fréquent qu'aucune modification notable de la digestibilité ne soit observée avec l'addition des probiotiques. Ainsi Cooke *et al.* (2007) n'ont constaté aucune amélioration de la digestibilité chez des vaches laitières dont le régime est complémenté à hauteur de 2% de levure *S. cerevisiae*.

Les études *in vitro* confirment la variabilité des réponses relatives à l'utilisation des levures probiotiques chez les ruminants. Les résultats montrent que la levure probiotique améliore nettement la vitesse de dégradation de certaines fractions (cellulose, NDF, ADF, MS, MO) (Wylegala *et al.*, 2005 ; Dolezal & Dolezal, 2007) et la dégradabilité globale (Ando *et al.*, 2004). Dolezal & Dolezal (2007) ont observé une amélioration de la digestibilité *in vitro* d'environ 4 et 3 % pour des doses respectives de 2,4 et 0,3 g de *S. cerevisiae* pour 2 litres de jus ruminal. Ando *et al.*(2004) ont ainsi montré que la dégradabilité des fibres suite à une addition de levures, mesurée 6, 12 et 24 h après incubation augmentait significativement. Ces résultats avaient auparavant été observés par Baljit *et al.*(2003) qui avaient eux aussi signifié une amélioration de la dégradabilité de la cellulose, de la MS et des fibres (NDF) particulièrement durant les premières heures de l'incubation. Par contre dans certains cas, aucune amélioration significative n'est observée (Doreau & Jouany, 1998). Ces variations de l'effet des probiotiques sur la digestibilité, bien qu'elles soient difficiles à expliquer, seraient en partie dues au mode d'alimentation (rationnement ou *ad libitum*), le régime de base et l'état physiologique de l'animal.

Chez les petits ruminants, l'effet des probiotiques est aussi variable que chez les bovins. Les mesures réalisées *in vitro* ont aussi montré une amélioration de la digestibilité de la MS et des fibres (NDF) chez le mouton lorsque le régime de celui-ci contient des levures *S. cerevisiae*. Ces résultats ont été confirmés par Biricik & Turkmen (2001). Ceux-ci ont montré qu'une alimentation à base de concentrés et de luzerne respectivement à 30 et 70 % ou respectivement 70 et 30 % à laquelle un apport de levure *S. cerevisiae* est effectué (4 g Yea Sacc1026® pour 100 g d'aliment), augmente la digestibilité de la MS, de la MO et du NDF. D'autres études plus récentes ont montré que l'incorporation dans la ration de 4 g de *S. cerevisiae* par jour et par animal (mouton) entraînait une amélioration de la digestibilité de la MO et du NDF respectivement de + 11,6, 7,4 et 7,1% par rapport au témoin (Paryad, 2009). El-Waziry et *al* (2007) ont aussi observé une amélioration de la digestibilité de la MO et NDF respectivement de +1,5 et 5,1% pour une très forte dose de *S. cerevisiae* dans l'aliment du mouton (22,5 g par animal par jour). Cependant Ding *et al.* (2008) ont seulement observé une amélioration de la digestibilité de l'hémicellulose de +6 %, alors que celle de la MO, NDF et ADF est inchangée chez l'agneau.

IV.A.2. Digestibilité de la matière azotée (MAT)

La production d'ammoniac (NH_3) dans le rumen est due à la dégradation des protéines alimentaire et au recyclage de l'urée salivaire. La concentration en NH_3 dans le liquide ruminal est régulée par son absorption à travers la paroi du rumen, son utilisation pour la synthèse bactérienne et son transit intestinal. Un apport excessif d'azote entraîne une perte de NH_3 car la quantité captée pour la synthèse microbienne est inférieure à la production. L'apport de levure probiotique dans la ration permet de corriger la concentration ruminale d'NH_3 (Kamalamma *et al.*, 1996; Arcos-Garcma *et al.*, 2000). Baljit et *al.*(2003) ont constaté une baisse de plus de 7,5 % de la concentration en NH_3 chez les veaux pour une complémentation de 10 g de levure *S. cerevisiae* (YEA-SACC228®) par animal par jour. Chez l'agneau, un apport de 20.10^9 UFC/g de levure n'a pas d'effet sur la concentration de NH_3 ruminal, mais par contre elle entraine une baisse de la concentration de l'azote sous forme d'urée dans le sang de 20% (Ding *et al.*, 2008). La réduction de la concentration en NH_3 se produit lorsque la ration dont bénéficie le ruminant est riche en glucides rapidement fermentescibles et non lorsque celui-ci est riche en fibres (Carro *et al.*, 1992; Moloney & Drennan, 1994). Cette baisse de la concentration en NH_3 (20 à 34 %) avec l'addition de la levure pourrait être liée à l'utilisation plus importante du NH_3 pour la synthèse des protéines microbiennes. Ce qui serait à l'origine de l'augmentation de la biomasse microbienne. Cette chute de la concentration n'est donc pas le fait d'une baisse de l'activité protéolytique microbienne (Harrison *et al.*, 1988; Williams & Newbold, 1990).

L'apport de levure dans la plupart des cas améliore la digestibilité ruminale, avec néanmoins de nombreuses variations (niveau d'ingestion, état physiologique et sanitaire, composition de l'aliment). Cette amélioration de la digestibilité en présence de levure serait surtout liée aux bactéries fibrolytiques.

IV.B. Impact de *S. cerevisiae* sur le *profil* de la biocenose ruminale

Les effets positifs de *S. cerevisiae* observés sur les performances des ruminants, notamment sur la digestion, laissent croire que cette levure probiotique modifierait positivement la biocénose ruminale. Lorsque la ration contient une forte concentration de glucides rapidement fermentescibles (faible teneur en fibres), il y a une baisse de l'activité cellulolytique ce qui correspondrait à un déséquilibre au niveau de l'écosystème ruminal. L'addition de levure probiotique contribuerait à la restauration de l'équilibre de la biocénose et au développement de bactéries spécifiques notamment des bactéries cellulolytiques ainsi que celles utilisatrices de lactate.

IV.B.1. Effet des levures sur le nombre total de bactéries dans le rumen

Les effets bénéfiques des levures peuvent être attribués aux modifications qui s'opèrent au niveau de la fermentation et au niveau de la population microbienne dans le rumen.

La grande majorité des travaux s'accordent à dire que les levures augmenteraient la concentration de bactéries totales anaérobies dans le rumen (Wiedmeier *et al.*, 1987; Newbold & Wallace, 1992). L'effet des levures est surtout marqué chez la vache laitière lorsque la ration de celle-ci est pauvre en fibres (ration acidogène). L'effet de la levure probiotique sur la population bactérienne est donc dépendant du régime tout comme dans le cas de la digestion. L'effet est plus marqué sur les bactéries anaérobies strictes (bactéries fibrolytiques et cellulolytiques) que sur les bactéries anaérobies facultatives telles que les bactéries amylolytiques (Chaucheyras *et al.*, 1997; Baljit *et al.*, 2003). L'action des levures probiotiques sur la population microbienne est aussi dépendante de la souche. Chez *S. cerevisiae*, les souches utilisées en brasserie ont une meilleure capacité à stimuler la croissance de la biocénose ruminale que celles utilisées en boulangerie (**Figure 11**) (Newbold & Wallace, 1992).

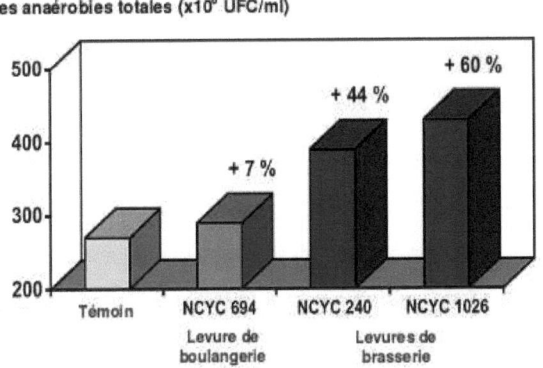

Figure 11: Effets des différentes souches de S. cerevisiae sur la population bactérienne ruminale en culture mixte (adapté de (Newbold & Wallace, 1992))

○ Effets des levures sur les bactéries cellulolytiques du rumen

La concentration de bactéries cellulolytiques dans l'écosystème ruminal augmente lorsque la ration des bovins est supplémentée en levure. Marrero et *al* (2006) ont confirmé cet accroissement par des tests *in vitro:* les principales bactéries cellulolytiques dont la croissance est stimulée sont les genres *Butyrivibrio fibrisolvens, Ruminococcus albus* et *Ruminococcus flavefasciens* (Girard & Dawson, 1994). Cette augmentation de la population de bactéries cellulolytiques dans la biocénose ruminale n'améliore pas nécessairement la quantité de cellulose dégradée par *Fibrobacter succinogenes S85* et *R. flavefasciens* (Callaway & Martin, 1997). La levure probiotique (*S. cerevisiae*) ne fournirait donc que les facteurs de croissance (vitamine, acides organiques et les acides aminés) pour la multiplication bactérienne. L'amélioration de la dégradabilité évoquée précédemment s'expliquerait par une activité accrue des enzymes telles que la carboxyméthylcellulase (CMCase) et la xylanase dans le rumen (Michalet-Doreau *et al.*, 1997). La levure créerait les conditions favorables aux activités métaboliques des bactéries cellulolytiques, en augmentant le niveau d'anaérobiose ruminal (Wallace & Newbold, 1993).

° Effet des levures sur les bactéries utilisatrices de lactate du rumen

Les levures jouent un rôle important dans la stabilité du processus de fermentation ruminal et la diminution des troubles métaboliques. Les effets bénéfiques d'une culture de levure probiotique *S. cerevisiae* vivante (5.10^9 UFC/g) sur les concentrations ruminales de lactate pour des rations très concentrées en énergie (ou acidogènes) ont été montrés par (Williams *et al.*, 1991) (**Figure 12**). La chute de la concentration en acide lactique serait due à une croissance importante et à une plus forte activité des bactéries utilisatrices de lactate, et non d'une inhibition directe des bactéries qui produisent le lactate en dégradant l'amidon. Les bactéries lactiques responsables de la baisse de l'acide lactique dans le milieu ruminal sont *Selenomonas ruminantium* et *Megasphaera elsdenii* (Chaucheyras *et al.*, 1996). Certaines études ont lié l'augmentation de l'activité de ces bactéries à la disponibilité de facteurs de croissance apportés par le milieu de culture de la levure. L'utilisation de souches pures permet de s'affranchir de cette hypothèse. La baisse de la concentration de lactate est associée à la hausse du pH dans le rumen, caractéristique d'une fermentation plus stable. Ces modifications de la fermentation ruminale améliorent la digestion, ce qui engendre l'augmentation de la consommation alimentaire.

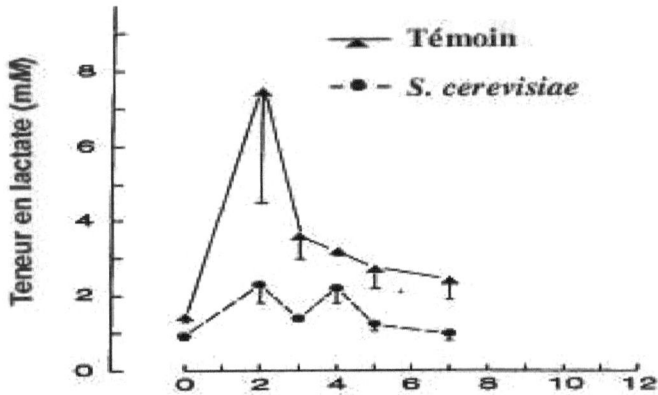

Figure 12: Effet de la levure probiotique sur la teneur de lactate dans le rumen après le repas (Williams et al., 1991)

IV.B.2. Impact de *S. cerevisiae* sur le pH ruminal

La capacité des levures à améliorer la digestion et à stimuler la croissance d'une population microbienne spécifique bénéfique à l'hôte, et leur capacité à empêcher l'accumulation de lactate dans le rumen, suggère que les levures probiotiques peuvent jouer un grand rôle dans la prévention des dysfonctionnements du rumen, associés à l'utilisation d'aliment très énergétique en élevage. Ces dysfonctionnements concernent le biotope ruminal principalement la teneur en acide lactique et le pH. Lorsque la ration est pauvre en fibres (riche en amidon, substances peptidiques), il y a une augmentation de la vitesse et de la quantité d'AGV produits sous l'action des bactéries (*Streptococcus bovis*). Cette augmentation de la quantité ruminale d'AGV entraîne un début d'acidification modifiant du coup l'activité fermentaire de *S. bovis*. Le biotope déjà acidifié le sera encore plus avec la hausse de la production d'acide lactique à l'origine de la chute du pH (Cotta, 1992). L'acide lactique s'accumule dans le rumen car il n'est pas régulé par les bactéries utilisatrices d'acide lactique (*S. ruminantium* et *M. elsdenii*). Des études ont montré que l'addition de *S. cerevisiae* (1,32 g de levure/litre de contenu ruminal) conduisait à la réduction de la production de lactate par *S. bovis* de 32% environ (Lila *et al.*, 2004). Pour Chaucheyras et *al.*, (1996), les cellules de levure entrent en compétition avec *S. bovis* pour l'utilisation du glucose dans les conditions anaérobies strictes laissant moins de glucose disponible pour la bactérie. *S. cerevisiae* stimule également l'utilisation du lactate par les bactéries *S. ruminantium* et *M. elsdenii*, ce qui relève le pH. Pour une dose de 20.10^9 UFC/g de levure dans la ration, Ding et *al.*, (2008) a observé une hausse du pH ruminal de +0,4 unité de pH. Cette hausse du pH ruminal sous l'action de la levure probiotique (*S. cerevisiae*) a été également observée par plusieurs travaux antérieurs (Sobhani *et al.*, 2006; Laszlo *et al.*, 2007; Marden, 2007). Les levures ont pour effet de stabiliser le pH ruminal et permettent aux bactéries cellulolytiques de retrouver leur activité normale. 4 g de levure *S. cerevisiae* (Biosaf®) (10^{10} UFC/g) dans un régime acidogène permet la stabilisation du pH 4 h après l'ingestion de la ration puis la remontée de celui-ci pour atteindre sa valeur initiale contrairement au témoin sans levure (**Figure 13**) (Marden, 2007). Cependant lorsque le régime est riche en fibres, la levure semble n'avoir aucun effet sur le pH (Carro *et al.*, 1992; Plata *et al.*, 1994).

S. cerevisiae permet la baisse de la concentration en acide lactique et la stabilisation du pH ruminal lorsque la ration de l'animal est pauvre en fibres. La levure permet donc aux bactéries cellulolytiques de retrouver leur activité fermentaire dans les conditions d'une alimentation acidogène.

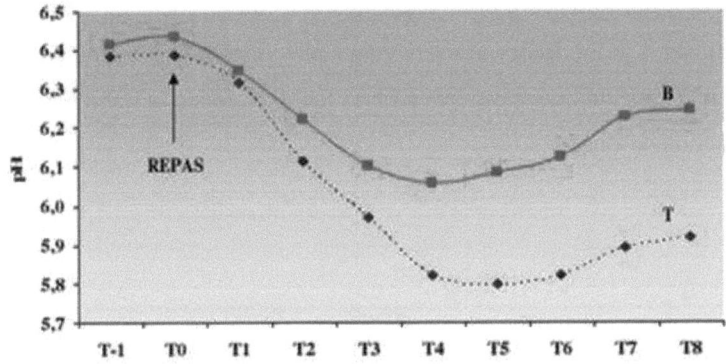

Figure 13: Evolution du pH ruminal chez la vache après un repas complémenté ou non de 4 g de levure *S. cerevisiae* (Marden, 2007)

IV.B.3. Impact de *S. cerevisiae* sur le profil fermentaire

Les levures probiotiques ont un effet significatif sur le profil fermentaire ruminal (**Figure 14**). Les réponses sont variables et dépendent de divers facteurs tels que la teneur en fibres de la ration, la dose de levure, la souche de levure etc. L'incorporation de levure *S. cerevisiae* (10 g/j/vau) dans une ration riche en concentrés entraine une hausse de la concentration en AGV totaux de plus 6 % (Baljit *et al.*, 2003). Dolezal & Dolezal (2005) ont aussi observé une hausse de la production d'AGV total de plus 1,3 g/100ml pour un apport quotidien de 6 g de levure *S. cerevisiae* par vache. Khadem et *al.* (2007) estiment à 103 mmol/l la production totale d'AVG après 3 h chez des moutons ingérant 2,5 g de levure (*S. cerevisiae*) par jour contre 91 pour le témoin. Erasmus et *al.* (2005) ont constaté une hausse de 18,6% de propionate chez la vache laitière. Marden (2007) estime à +12 mmol/l l'augmentation de la production totale d'AGV ainsi qu'une hausse des proportions de C_2 (+ 12%) et de C_3 (+ 24%). Par contre, Laszlo *et al.*(2007) constatent certes une augmentation des AGV totaux, mais avec hausse des ratios C_2/C_3 et C_4/C_3.

Certains auteurs ne constatent aucun effet significatif de *S. cerevisiae* sur la production d'AGV (Plata *et al.*, 1994; Miranda *et al.*, 1996). La raison principale de cette absence d'effet serait due à la forte teneur en fibres des régimes utilisés. L'effet des levures serait donc plus important sur la production d'AGV si le régime utilisé est pauvre en fibres tout comme sur la stabilité du pH et la production de lactate.

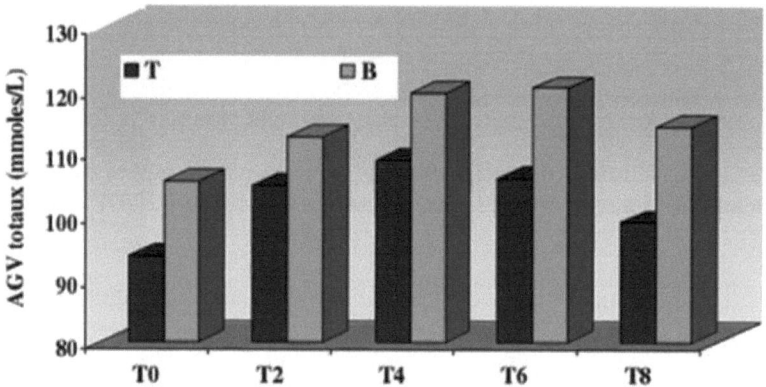

Figure 14: Effet d'un apport de 4 g de levure *S. cerevisiae* sur la concentration en AGV totaux (Marden, 2007)
T : régime témoin sans levure ; B régime contenant la levure Biosaf®

IV.B.4. Impact de *S.* cerevisiae sur la croissance et la production laitière

L'augmentation de la digestion et la stabilisation des paramètres microbiologiques, physiques et chimiques de l'écosystème ruminal, montrent que la levure probiotique pourrait améliorer les performances zootechniques. Elle aurait une action bénéfique sur la croissance des veaux et sur la production laitière. L'effet sur la croissance et sur la production laitière serait dû principalement à l'augmentation de la vitesse d'ingestion, elle-même liée à la biocénose et aux paramètres chimiques du biotope ruminal. L'effet de la levure sur les performances des animaux est variable. Certaines études ne montrent aucune amélioration, tandis que d'autres signalent des améliorations pouvant atteindre 20% de production de lait (Denev et *al.*, 2007). L'augmentation de la vitesse de dégradation de la MS entraînerait une augmentation du niveau d'ingestion (Denev *et al.*, 2007). Les études de l'impact de levure sur la croissance montrent généralement une amélioration du GMQ et de l'indice de consommation chez les ruminants (Saha *et al.*, 1999; Kim *et al.*, 2006). L'incorporation de 2 g de levure *S. cerevisiae* pour 100 g de MS dans une ration de veaux, augmenterait de 15,6 % le GMQ selon Lesmeister *et al.*(2004). Une étude effectuée sur 180 taurillons de race Blonde Aquitaine dont l'aliment de base est du maïs humide inerte complémenté avec une levure *S. cerevisiae* (Biosaf®) confirme cette augmentation du GMQ et de l'indice de consommation IC **(Figure 15).** Une autre étude effectuée en Iran avec la même levure probiotique (Biosaf®) a montré qu'elle augmente le pH et la population microbienne anaérobie stricte de l'écosystème ruminal. Elle augmenterait par ailleurs le gain de poids et améliorerait l'efficacité alimentaire (Rezaee *et al.*, 2006).

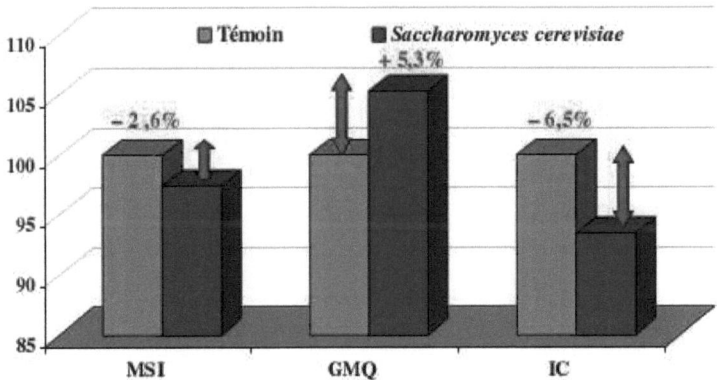

Figure 15: Effet de la levure S. cerevisiae sur matière sèche ingérée (MSI), le GMQ et l'IC chez les bovins viande (Moncoulon & Auclair, 2001)

L'utilisation de la levure en alimentation animale ne donne pas toujours de résultats favorables dans certaines études. Adams et al. (1981) n'ont pas obtenu d'amélioration du GMQ ni de l'IC chez des bovins de boucherie lorsqu'ils sont alimentés avec une ration supplémentée en levure composée à part égale de fourrage et de concentré. L'absence d'effet de la levure sur la croissance a été aussi constaté par d'autres auteurs (Ramirez et al., 2003). Elle est dans la plupart des cas, accompagnée d'une digestibilité et d'une ingestion faibles. Cela se justifierait par le taux de fibres très important contenu dans la ration de base utilisée par ces auteurs. La levure S. cerevisiae améliore aussi la santé des animaux (Saha et al., 1999). Ces auteurs ont obtenu une réduction de la diarrhée lorsque les veaux ingèrent environ 2.10^9 CFU/jour/veau.

La plupart des études mesurant l'impact des levures sur les performances des ruminants ont porté sur la production laitière. Les résultats obtenus bien que variables montrent une augmentation significative de la production laitière ou une amélioration de sa composition. Selon des données bibliographiques résumées par Marden (2007), la levure probiotique serait responsable d'une augmentation significative la production laitière de + 0,7 à 2,4 kg par jour. Le regroupement des données de plusieurs essais comparant la production laitière de 1073 vaches témoins et 1179 autres ayant reçu une alimentation supplémentée de 10 g/j de levure probiotique, montre que celle-ci permet une amélioration de 2,2 litres de lait en moyenne par vache (Wallace & Newbold, 1993). D'autres études du même type sur 245 vaches montrent une augmentation moyenne de 2% chez les primipares et 2,7 chez les multipares par rapport aux témoins (Durand-Chaucheyras et al., 1997). Les résultats de 22 publications portant sur plus de 9000 vaches donnent une amélioration de la production laitière variant entre 2 et 30%, et une moyenne de 7,3% (Dawson, 2000).

L'utilisation d'un régime pauvre en fibres entraine une acidose ruminale. L'apport de levure permettrait de stabiliser le pH au dessus de 6 malgré une production élevée d'AGV. La levure interviendrait sur le pH par le renforcement du pouvoir réducteur qui serait à l'origine de la diminution de la teneur en lactate et de l'augmentation de la teneur en AGV du contenu ruminal. Elle favoriserait aussi l'activité des bactéries anaérobies strictes, notamment celles responsables de la production d'AGV et celles qui transforment le lactate en propionate. Elle améliorerait les performances de croissance des veaux et la production laitière des vaches.

V. *SACCHAROMYCES* CEREVISIAE CHEZ LE LAPIN

Contrairement aux ruminants et aux autres monogastriques (homme, cheval, porc, volaille), l'utilisation des probiotiques dans l'alimentation du lapin est récente. Il existe ainsi très peu d'études consacrées aux effets de la levure probiotique *S. cerevisiae* chez le lapin. Les recherches ont porté sur la santé des animaux, la digestibilité, sur les performances de croissance, d'ingestion, d'efficacité alimentaire et sur certains paramètres sanguins. Le **Tableau 5** résume quelques travaux de recherche sur l'impact de la levure « pure » ou associée à des bactéries (lactobacille) chez le lapin (Falcao-e-Cunha *et al.*, 2007).

Tableau 5: Synthèse de travaux de recherche sur l'action des levures probiotiques chez le lapin

Références	Age (jour)	Type de levure	Dose de levure dans la ration	Nombre de lapin	Teneur en fibres	Condition expérimentale
Maertens & De Groote, 1992	28-70	Biosaf Sc	0,15% vs 1%	60	15,5% CB	CSO
Maertens & De Groote, 1992	28-70	Biosaf Sc	0,15% vs 1%	93/96	15,5% CB	CSD
Onifade et al., 1999	35-56	YeaSacc	0,15% vs 0,3%			Normale
Jerome et al., 1996	30-79	S. cerevisiae	10^6 spore/g	108	16,5% CB	Normale
Luick et al., 1992	36	Lacto-sacc	0,2%	15	23,1% ADF	Normale
Luick et al., 1992	36	Lacto-sacc	0,2%	14	9,9% ADF	Normale + DF
Gippert et al., 1992	28-84	Lacto-sacc	0,1%	172	10,6 CB	Commerciale
Gippert et al., 1992	42-77	Lacto-sacc	0,1%	100	10,6 CB	Normale
Kamra et al., 1996	42-126	Lacto-sacc		33	11,2% ADF	Normale

CSO : conditions sanitaires optimales ; CSD : conditions sanitaires défavorables ; DF : déficient en fibres ; Normale : absence de stress alimentaire et environnementale

V.A. IMPACT DE *S. CEREVISIAE* SUR L'UTILISATION DIGESTIVE DE LA RATION CHEZ LE LAPIN

Les fibres constituent une fraction très importante de la ration du lapin. Une ration très concentrée ou pauvre en fibres est susceptible de créer des entérites. La digestion des fibres pourrait être améliorée par l'incorporation de levures *S. cerevisiae* dans le régime du lapin. L'efficacité alimentaire est améliorée en présence de levure dans l'aliment selon Karmara et al. (1996). L'effet de la levure probiotique *S. cerevisiae* (Yea-Sacc®) à la dose de 200 ppm sur la digestibilité a été évalué par Shanmuganathan et *al.* (2004) pendant 10 semaines sur des lapins âgés de 56 jours dont le régime est composé de 43 % de son de riz (13 % de fibres brutes). Les résultats ont montré que la digestibilité des nutriments est plus élevée lorsque les lapins bénéficient de la ration contenant 200 ppm de levure probiotique (**Figure 16**). La digestibilité de la MS, de la matière azotée totale, de la cellulose brute et de l'énergie était significativement plus élevée avec la levure que chez le témoin respectivement de : +3,7%, 6,4%, 1,4%, et 3,2% (P<0,05).

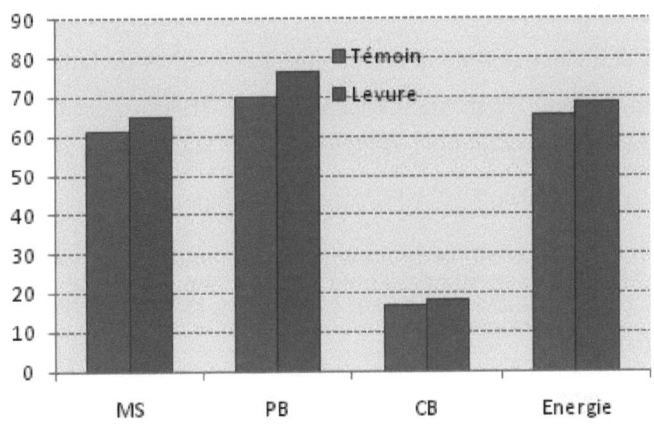

Figure 16: Digestibilité des nutriments (MS, PB, CB) et de l'énergie chez le lapin complémenté ou non de 200 ppm de levure *S. cerevisiae* (P<0,05) (Shanmuganathan *et al.*, 2004)
MS : matière sèche, PB : Protéine brute, CB : cellulose brute

L'effet de *S. cerevisiae* est plus important selon certains auteurs lorsqu'elle est utilisée en association avec d'autres prébiotiques (El-Gaafary *et al.*, 1992; El-Hindawy *et al.*, 1993; Emmanuel *et al.*, 2007), avec un impact positif sur la digestibilité. Kamra *et al.* (1996) au cours d'un essai de plus de 10 semaines (80 jours) sur des Néo-Zélandais Blancs âgés de 42 jours en moyenne, ont observé que la digestibilité de la MAT était améliorée de 3,8% lorsque la ration des animaux était complémentée d'un mélange à 5.10^8 UFC/animal/jour de bactéries lactiques et de *S. cerevisisae* (Lacto-Sacc). Par contre, aucune amélioration significative de la digestibilité n'a été enregistrée que ce soit pour la MS ou pour les fibres (ADF, cellulose, hémicellulose). Il est à préciser tout de même que la ration des lapins dans ce travail contenait 33,7 % de NDF et 8,9 % de cellulose brute. El-Gaafary et *al.*, (1992) ont aussi observé une variation de l'effet de la levure sur la digestibilité selon l'âge. Ces auteurs ont aussi montré une amélioration de la digestibilité des protéines et des fibres lorsque la ration du lapin est complémentée en Lacto-Sacc, mais seulement à la $12^{\text{ième}}$ semaine d'âge. Puis, l'effet du probiotique devient nul à 24 semaines d'âge. Ils n'ont pas non plus observé d'amélioration de la digestibilité de la MS et de la MO sur toute la période d'élevage. De même, Chaudhary et *al.* (1995) n'ont observé aucune amélioration de la digestibilité lorsque la ration du lapin à 6 semaines est complémentée avec une dose de 5.10^8 UFC/g de *S. cerevisiae*.

V.B. IMPACT DE *S. CEREVISIAE* SUR LE PROFIL MICROBIEN DU CONTENU CAECAL

Les travaux chez les ruminants montrent que la levure favoriserait l'implantation et l'activité des bactéries anaérobies strictes dans le rumen (Chaucheyras-Durand & Fonty, 2001). Chez le lapin très peu d'études à notre connaissance ont été effectuées sur l'effet de la levure et l'écosystème digestif. Toutefois selon les travaux de Bennegadi (2002), chez le lapin sain, seul *R. albus* (bactérie cellulolytique) semble être favorisé par l'utilisation de *S. cerevisiae* en alimentation. En effet, l'apport de cette levure (10^6 UFC/g) dans la ration du lapin tend à doubler le nombre de cette bactérie dans le caecum (P=0,07). Mais excepté *R. albus*, l'apport de cette levure n'aurait pas d'effet majeur sur l'écosystème caecal, ni sur la mise en place de la biocénose, ni sur la stimulation des activités fermentaires à l'exception d'une légère amélioration de la production d'acétate (+12,1 mmol/l). Ces résultats pourraient être attribués selon cet auteur à la faible dose d'incorporation de la levure (10^6 UFC/g), et/ou au faible temps de transit (4-6h dans le caecum), qui seraient insuffisants pour entraîner des effets sur l'écosystème digestif.

V.C. IMPACT DE *S. CEREVISIAE* SUR LA CROISSANCE

L'utilisation de levure probiotique (*S. cerevisiae*) en alimentation cunicole est ancienne, et des effets positifs sur la croissance sont obtenus dans certains cas, en fonction des conditions expérimentales. Ainsi, Maertens & De Groote (1992) ont relevé une influence positive de la levure Biosaf® sur le gain de poids. Ces auteurs ont constaté sur un échantillon de 90 lapins par traitement, que des doses de 0,15% (8.10^6 UFC/g) et 1% ($6,2.10^7$ UFC/g) de Biosaf® dans l'aliment du lapin entre le sevrage (28 j) et l'euthanasie à 70 jours, amélioraient respectivement le GMQ de 0,4 g/j et 1,7 g/j. L'impact de la levure ne varie pas dans cette étude en fonction de la concentration de levure dans l'aliment. La dose de 0,15% donne des résultats de croissance et de mortalité plus prononcés que la dose plus élevée de 1% (43,4g/j de GMQ et 4% de mortalité contre 42,1g/j GMQ et 11% de mortalité). Cette étude a d'ailleurs révélé que l'efficacité de la levure probiotique est dépendante des conditions d'élevage. En effet, lorsque les conditions d'élevage sont optimales c'est-à-dire une alimentation équilibrée, un nettoyage et une désinfection régulière du local d'élevage et une densité de 3 lapins/m^2 au maximum, les performances du lot témoin ne diffèrent pas de celles d'animaux dont la ration contient de la levure Biosaf®. Fuller (1999) a fait aussi la même remarque sur la santé et a conclu que l'effet bénéfique des probiotiques est prononcé lorsque les animaux sont élevés en conditions sanitaires sous-optimales. Les travaux d'Onifade et *al.* (1999) ont par contre montré une augmentation presque linéaire des performances de croissance avec la concentration de la levure *S. cerevisiae* (YeaSacc[1026®] contenant une concentration de 10^8UFC/g) dans la ration. Ceux-ci ont observé

une hausse de gain de poids total de +50 g et +150 g pour des doses d'incorporation respectives de 1,5 et 3 g/kg de levure.
D'autres études portant sur la levure *S. cerevisiae* ont confirmé les effets bénéfiques de celle-ci sur les performances des monogastriques tels que le porc et le cheval ou même chez les oiseaux. La levure Biosaf® a permis l'amélioration de la digestibilité et de l'ingestion chez le cheval (Medina *et al.*, 2002; Jouany *et al.*, 2008). Même si les données sur la croissance n'ont pas été présentées par ces auteurs, l'amélioration de l'efficacité alimentaire pourrait conduire à une amélioration de la croissance. Des travaux ont aussi prouvé une amélioration de la santé et une stimulation de la croissance du porc par la levure (Kogan & Kocher, 2007). Au vu de la sensibilité des porcelets ou des lapereaux à la contamination par les pathogènes, la préservation de la santé par la levure probiotique conduirait à l'augmentation des performances de croissance et à la réduction des coûts vétérinaires.

Des travaux montrant le rôle positif des levures sur la croissance du lapin ont été pour la plupart effectués, en associant *S. cerevisiae* à d'autres microorganismes notamment les bactéries (Hollister *et al.*, 1990; Shanmuganathan *et al.*, 2004). Ces études ont aussi mis en évidence une amélioration de la vitesse de croissance et de l'efficacité alimentaire (Ayyat *et al.*, 1996; El-Hindawy *et al.*, 1993; Gippert *et al*, 1996). L'association la plus courante est celle qui se fait entre la bactérie, notamment Lactobacille, et la levure *S. cerevisiae*. L'amélioration des paramètres de croissance généralement constatée est fonction de la dose et de l'âge des lapins utilisés (**Tableau 6**). A titre d'exemple, Gippert et *al.* (1996) ont, à l'aide d'une concentration de 0,8 g et de 0,3 g de levure+lactobacille/kg d'aliment, obtenu un gain de poids supérieur de plus 6 g/j pour la concentration la plus élevée de probiotique chez des animaux entre 6 et 12 semaines d'âge. Il en est de même pour l'indice de consommation qui est amélioré de 0,26 point. El-Hindawy et *al* (1993) avaient obtenu des résultats similaires. Ces auteurs ont constaté un gain de poids de 4 et 7 g/j de plus que le témoin (aliment sans levure) pour des doses respectives de 1 et 1,5 g de levure/kg d'aliment chez des animaux entre 5 et 12 semaines d'âge. Des travaux ont aussi mis en évidence la variation de l'effet de la levure chez le lapin en fonction de l'âge (Sonbol & El-Gendy, 1992). Dans cette étude, on obtient une amélioration des performances de croissance entre 30 et 58 jours d'âge pour une dose de 1g de levure/kg d'aliment. Par contre au delà de 58 jours, il n'existe aucune différence significative entre les traitements.

Tableau 6: Synthèse des effets de la levure probiotique S. cerevisiae, utilisée seule ou en association, sur les performances de croissance du lapin

Souche	Age	Dose (g de levure/kg d'aliment)	IC	GMQ (g)	Références
S. cerevisiae	ND	10	ND	42,1	(Maertens, 1992)
		1,5	ND	43,4	
		0	ND	41,7	
S. cerevisiae	De 35 à 56j	3	3,65	18,82	(Onifade et al., 1999)
		1,5	3,83	16,83	
		0	3,87	15,84	
Lacto-Sacc	De 42 à 84j	0,8	2,76	36,8	(Gippert et al., 1996)
		0,3	3,02	30,9	
Lacto-Sacc	De 28j	1	ND	5%	(Ayyat et al., 1996)
		0	ND		
Lacto-Sacc	De 30 à 58j	1	3,21	24,86	(Sonbol & El-Gendy, 1992)
		0	3,68	21,11	
Lacto-Sacc	De 35 à 84j	1,5	2,9	29,7-32,2	(El-Hindawy et al., 1993)
		1	3,03	28,8-30,3	
		0	3,26	24,8-26,2	

ND non déterminé ; Lacto-Sacc lactobacille associé à la levure *S. cerevisiae*

Si une majorité d'études montre un effet positif des probiotiques sur la croissance, d'autres cependant indiquent que les performances sont très peu ou pas du tout améliorées par l'ajout de levure dans l'aliment du lapin (El-Gaafary *et al.*, 1992; Aoun *et al.*, 1994; Kamra *et al.*, 1996). Les travaux de El-Gaafary et *al.* (1993) conduits sur des lapins dès l'âge de 7 semaines (42j) à 12 semaines, n'ont pas aussi montré de différences significatives de performance de croissance entre le lot traité à la levure associée à Lactobacille (Lacto-sacc) à la dose de 1g/kg et le lot non traité (témoin). L'influence de « Lacto-sacc » à la dose de 5×10^8 UFC/g/jour sur la consommation, le gain de poids et l'efficacité alimentaire, évaluée par Kamra et *al.* (1996) ne révèle aussi aucune différence entre les lots, confirmant ainsi les résultats précédents.

D'autres effets de *S. cerevisiae* chez le lapin notamment sur les performances de reproduction de la lapine ont été étudiés. La supplémentation par le probiotique « Lacto-sacc » au taux de 0,1% dans l'alimentation de la lapine améliore selon Ayyat *et al.* (1996) ses performances de reproduction. Ces auteurs ont pu observer un accroissement de la taille de la portée à 21 jours de 0,85 point sur un effectif de 223 femelles par rapport aux témoins. Cet accroissement de la portée est suivi d'une augmentation de la production laitière de plus 14% et surtout du poids au sevrage de plus 20%.

L'effet de la levure probiotique sur les performances de croissance du lapin reste difficile à évaluer en raison de la variabilité des résultats due sûrement aux conditions expérimentales (type de levure, âge des lapins, aliment de base etc.) qui diffèrent selon les études.

V.D. IMPACT DE *S.* CEREVISIAE SUR LA SANTE DES LAPINS

Chez les monogastriques notamment chez l'homme, la diminution de la capacité de fermentation des bactéries endogènes et/ou l'émergence au sein de celles-ci de pathogènes sécrétrices de toxines telles que *Clostridium difficile*, sont la cause de troubles digestifs diarrhéiques. Ces diarrhées peuvent souvent apparaître lors de traitements par des antibiotiques. Les travaux de bon nombre d'auteurs ont montré que certaines souches, en particulier *S. boulardii*, présentent un intérêt clinique pour la prévention de la diarrhée. La diminution des risques de diarrhée chez des rats peut atteindre 50% pour une dose de $3,1.10^9$ UFC/ml (Czerucka & Rampal, 2002). L'effet de cette même levure sur la santé digestive a été constaté par Dalmasso et *al.* (2006). Ils ont constaté une baisse des troubles digestifs d'environ 50 % lorsque les souris reçoivent 100 µg/j de *S. boulardii*. Elle permettrait aussi de prévenir la récidive de *C. difficile* en cas d'infections récidivantes (Marteau & Shanahan, 2003; Dalmasso *et al.*, 2006; de Vrese & Marteau, 2007).

Chez l'animal monogastrique en croissance, les probiotiques sont utilisés dans le but de prévenir les troubles digestifs qui apparaissent autour du sevrage avec l'ingestion d'aliments solides et les modifications des conditions environnementales responsables de stress. Chez le porc, les probiotiques sont utilisés pendant cette période pour, d'une part améliorer les performances de croissance et d'autre part, améliorer ou préserver la santé des animaux. L'ajout de *S. cerevisiae* dans l'alimentation du porc a montré des effets positifs sur les performances et sur la réduction de l'indice de diarrhée chez les porcelets de 5 à 28 jours selon Lessard (2004). Kogan & Kocher (2007) ont aussi rapporté chez le porcelet que des préparations à base de paroi cellulaire de *S. cerevisiae* réduisait la concentration de bactérie potentiellement pathogène (*E. coli, Salmonella spp., S. enteritidis, S. typhimurium, Clostridium spp., Campylobacter*) de 56%.

Comme le porcelet, le lapereau est sensible aux stress alimentaire et environnemental générés autour du sevrage. Quelques études ont montré une amélioration de la santé du lapereau lorsque la ration est complémentée avec un probiotique. Ainsi, un effet positif de la levure *S. cerevisiae* sur la santé du lapin en croissance (dose $5x10^9$ UFC/kg d'aliment de Biosaf®) a été montré (C.A.M.

& C.A.P., 1994). La mortalité dans le lot supplémenté de la levure Biosaf® est environ deux fois inférieure au témoin. Cependant l'ampleur de l'effet de cette levure sur la santé varie en fonction de la tranche d'âge de l'animal. La réduction de la mortalité est plus importante entre la 8ième semaine d'âge et l'euthanasie ($P<0,05$). Par contre la baisse de la mortalité est moins marquée jusqu'à 5 semaines d'âge ($P<0,1$). Maertens & De Groote (1992) ayant aussi utilisé cette même levure probiotique ont obtenu une mortalité inférieure (P<0,05) lorsque la ration des lapins est complémentée : 3,3%, 7,1% et 13,8% lorsque les rations sont respectivement supplémentées à 0,15% ($7,5 \times 10^6$ UFC/g), 1% (5×10^7 UFC/g) et 0% de levure; soit un taux de mortalité allant de 2 à 4 fois plus élevé chez le témoin par rapport au lot contenant la levure. L'impact positif de la levure sur la santé a été étudié par d'autres auteurs qui dans leurs démarches ont associé la levure *S. cerevisiae* à une bactérie notamment Lactobacille. Hollister et al. (1989) ont constaté une baisse de la mortalité par troubles digestifs chez les lapins recevant une combinaison de *S. cerevisiae* et de Lactobacille de 7,9% et 17,5% de mortalité, respectivement pour une dose de 15 g/kg et pour le témoin; soit une baisse de la mortalité de plus de 50% avec l'apport de levure.

La plupart des mortalités post-sevrage sont causées par des diarrhées chez le lapin. Cependant, à notre connaissance, aucun résultat d'autopsie ou d'études microbiologiques n'a été publié. Aucun agent pathogène précis n'a été identifié comme responsable de ces pertes dans la majorité des études.

Bien que certaines études montrent un effet positif des probiotiques sur la santé (sur la diarrhée surtout), il n'est toujours pas encore possible de formuler des recommandations thérapeutiques dans la pratique (Braegger, 2002). Ce constat est toujours d'actualité chez la plupart des mammifères y compris le lapin. Car les données qui analysent les effets positifs des levures probiotiques sur la santé des animaux sont très limitées et hétérogènes en ce qui concerne le protocole, l'aliment utilisé, les conditions sanitaires, la dose, la durée du traitement, l'âge des animaux etc.

V.E. EFFET DE *S. CEREVISIAE* SUR LES PARAMETRES SANGUINS DU LAPIN

Les mauvaises conditions sanitaires et les stress dus aux transitions sont à l'origine de changements métaboliques sous l'influence des cytokines et de certaines hormones intervenant dans le système de défense de l'organisme (Ito *et al.*, 2006). Les cytokines proinflammatoires sont synthétisées par les macrophages et les lymphocytes. Elles provoquent de la fièvre et activent les cellules immunitaires. Les acides aminés sont, dans ces conditions, réorientés vers la production des tissus impliqués dans la défense de l'organisme au détriment de la croissance. Les acides aminés sont ainsi utilisés comme substrat énergétique et surtout servent à la synthèse des protéines de l'inflammation. Une diminution ou une augmentation importante de certains acides aminés et de ces protéines de l'inflammation sont liées à l'état de santé de l'animal. Il existe plusieurs acides aminés ou protéines impliqués dans ces réactions inflammatoires. Toutefois dans cette étude bibliographique, nous nous intéresserons à une protéine de l'inflammation générale, l'haptoglobine sanguine, et une protéine indicatrice de l'inflammation locale qui est la myéloperoxydase (MPO).

V.E.1. Haptoglobine sanguine

L'haptoglobine est une protéine de la réaction inflammatoire qui permet de suivre l'évolution d'une réaction inflammatoire. Elle permet également de suspecter un phénomène d'hémolyse intra-vasculaire, même minime. C'est une glycoprotéine de transport synthétisée dans les hépatocytes. Elle est constituée de deux chaînes légères α et de deux chaînes lourdes β. En cas de maladie ou de conditions sanitaires médiocres, l'haptoglobine est libérée en quantité importante dans le sang. La concentration d'haptoglobine moyenne mesurée sur des veaux sains est de 0,9 g /l contre 3,6 g/l lorsque les animaux sont malades (Genheim *et al.*, 2007).

Les travaux de Nikunen et *al* (2007) sur les protéines de la phase aiguë de l'inflammation (haptoglobine, fibrinogène, sérum amyloïde-A, etc.), montrent bien que les animaux infectés par *Pasteurella multocida* présentaient une concentration accrue d'haptoglobine et des autres protéines inflammatoires. Le taux est deux fois supérieur chez les bovins malades par rapport à celui des animaux sains. Chez le porc, une infection expérimentale par *Mycobacterium tuberculosis* entraîne une augmentation significative du taux d'haptoglobine en unité de DO de 0,12 à 0,39 (Melchior *et al.*, 2002). Ces résultats sont confirmés par Le Floc'h (2004). En effet, lorsque les porcelets sont élevés dans une salle présentant un risque sanitaire élevé et alimentés à l'aide d'un régime ne contenant pas d'antibiotique, il y a une augmentation importante du taux d'haptoglobine notamment durant les deux premières semaines qui suivent le sevrage de plus 0,62 g/l.

V.E.2. La myélopéroxydase (MPO)

L'activation des cellules phagocytaires et la réaction inflammatoire en réponse à une infection, engendre une activation des neutrophiles pour la digestion des bactéries pathogènes. Ce type de défense de l'organisme nécessite une consommation d'oxygène appelée flambée respiratoire ou « respiration burst » en anglais et une dégranulation indépendante de l'oxygène. Cette dernière s'accompagne d'une libération de protéines cationiques et de lactoferrines ainsi que d'enzymes hydrolytiques et protéolytiques. La flambée respiratoire quant à elle implique le fonctionnement de la NADPH-oxydase, du monoxyde d'azote synthétase (NOsynthétase ou NOsynthase) et la MPO, agissant de concert pour éliminer les pathogènes. Cette élimination se fait par la production d'espèces oxydantes capables de détruire les capsules polysaccharidiques résistantes aux enzymes protéolytiques par NADPH-oxydase, NOsynthase et la MPO (Serteyn et al., 2003).

La MPO est une enzyme hémique présente en concentrations importantes dans les granules primaires des cellules polymorphonucléaires neutrophiles ou des monocytes. Elle exerce une forte activité antimicrobienne. Un taux plasmatique élevé de MPO, ou dans les liquides biologiques ou encore dans les tissus, indiquent une activation importante des neutrophiles ce qui est synonyme d'une infection (Serteyn et al., 2003). Chez l'homme, la péritonite de l'intestin s'accompagne d'une hausse très importante de la MPO d'environ 80 % (Jacob et al., 2007).

L'injection d'acide trinitrobenzène sulfonique (TNBS) à 2 lots de rats, montre une augmentation très significative de la MPO au niveau du côlon distal chez tous les individus ayant reçu le TNBS 4 fois plus élevée que chez le témoin (Ohashi et al., 2008). Rappelons que le TNBS est un acide dont l'injection induit des colites graves (macroscopiques) chez les animaux (Marc et al., 2003; Kolgazi et al., 2007). La TNBS provoque en réalité une augmentation de la perméabilité tissulaire à la MPO et non une dégradation ou une inflammation générale du tube digestif. Après l'administration de TNBS à des souris saines, il est observé au deuxième jour une colite sévère entraînant une mortalité de 24%. Les lésions induites deviennent sévères le 5ième jour. Elles sont caractérisées par une nécrose du colon et une grande mortalité (69%). Au point de vue histologique, le côlon des souris atteintes de colite présente une paroi épaisse associée à un infiltrat à polynucléaires neutrophiles et à une nécrose épithéliale. La concentration de la MPO (DO de MPO/g de protéine) est 4 fois plus élevée chez celles-ci par rapport à celle des témoins sans TNBS (Dubuquoy *et al.*, 2000).

V.E.3. Impact de la levure sur les protéines de l'inflammation

Il existe très peu de données sur les protéines de l'inflammation et l'impact des levures probiotiques sur l'évolution de celles-ci en général et chez le lapin en particulier.

Tableau 7: Effet de la supplémentation en levure sur la composition sanguine du lapin âgé de 56 jours

Indices hématologiques	Concentration en levure (g/kg) dans la ration				P		
	0	1,5	3	SEM	0 vs 1,5	0 vs 3	1,5 vs 3
Protéine Totale (g/dl)	6,1c	6,5b	6,9a	0,09	*	**	*
Globuline (g/dl)	2,9a	3,9b	4,5b	0,15	*	**	*
Hématocrite (%)	31c	34b	40a	0,85	*	***	*
Hémoglobine (%)	9,71c	10,5b	12,4a	0,44	*	**	*
Erythrocytes (10^6/µl)	5,02b	5,51b	6,01a	0,15	NS	**	*
Leucocytes (10^3/ul)	4,95	4,4	4,9	0,06	NS	NS	NS
Lymphocytes	47b	51a	52a	0,44	*	*	NS
Monocytes	4a	2ab	1b	0,25	NS	*	NS

A, b, c : les moyennes ayant en exposant la même lettre ne sont pas significativement différent au seuil P<0,05 (Onifade *et al.*, 1999)* P<0,05 ; ** P<0,01 ; *** P<0,001, NS : différence non significative

Toutefois, au vu des relations existant entre les protéines de l'inflammation et l'état de santé de l'animal d'une part, et entre la levure et l'état de santé de l'animal d'autre part, il existe potentiellement un effet de la levure probiotique sur l'évolution ou la concentration de ces protéines de l'inflammation. Comme précédemment annoncé, en cas de troubles sanitaires, la concentration en MPO et en haptoglobine s'élève. La plupart des inflammations intestinales s'accompagneraient d'une élévation des protéines de l'inflammation telles que l'activité de la MPO et le niveau sérique d'haptoglobine. Cette concentration baisserait lorsque l'animal recouvrirait la santé. Quant à la levure, il a été montré qu'elle améliore la santé car elle a permis une réduction significative de la mortalité et de la morbidité dans la plupart des études effectuées. Chez l'homme, l'action de *S. boulardii* sur la santé en relation avec l'inflammation, se résumerait au blocage de la production de certaines protéines pro-inflammatoires (Chen *et al.*, 2006a; Sougioultzis *et al.*, 2006). Une étude chez le lapin, bien que ne portant pas sur la MPO et l'haptoglobine, indique que la composition du sang du lapin dont le régime contient de la levure probiotique est différente de celle du témoin (**Tableau 7**) (Onifade *et al.*, 1999).

L'impact de *S. cerevisiae* est variable chez le lapin selon la dose, l'âge, les conditions d'élevage et même selon les études. Bien que certaines études ne montrent aucun effet significatif de l'apport de la levure sur divers paramètres zootechniques, d'autres par contre ont montré des améliorations significatives sur la croissance, la digestion et la santé. Concernant le microbiote digestif, seule l'étude de Bennegadi (2002) est disponible, et ne mentionne pas d'effet majeur chez le lapin sain (avec une faible dose de levure); excepté une tendance à une proportion plus élevée de *R. albus*.

Il n'existe donc pas d'étude, à notre connaissance, portant sur l'impact de la levure et les paramètres de l'inflammation tels que l'haptoglobine et la myélopéroxydase (MPO) chez le lapin. Cependant, ces 2 paramètres peuvent doubler de concentration en cas de troubles digestifs.

CHAPITRE 3- MODE D'ACTION DE *SACCHAROMYCES CEREVISIAE*

Au vu des connaissances actuelles, les probiotiques en général agiraient d'une part de manière directe sur la santé et sur la physiologie de l'animal ou d'autre part de façon indirecte par la modification de l'écosystème digestif ou par l'optimisation de la réponse immunitaire face aux agressions (Marteau & Shanahan, 2003).

Ainsi, l'un des modes d'action potentiel des probiotiques serait d'améliorer la résistance de l'écosystème microbien digestif, ou sa stabilité face à des pathogènes ou à des agressions externes. L'action des probiotiques serait influencée par de multiples interactions entre les éléments constitutifs de la biocénose et par les interactions entre la biocénose et le biotope ou l'hôte. Ainsi le rôle positif des probiotiques dans l'amélioration de la santé pourrait être dû à la compétition entre les microorganismes pour les nutriments indispensables à leur survie (oses et molécules facteurs de croissance) ainsi qu'à la production de facteurs antimicrobiens notamment les bactériocines (Marteau & Shanahan, 2003).

Un second mode d'action des probiotiques serait d'influencer positivement le fonctionnement de la barrière intestinale. Ainsi, ils auraient un effet anti-inflammatoire avéré contre certaines maladies digestives telles que la maladie de Crohn et les ulcères (Dugas *et al.*, 1999).

I. ACTION DE *SACCHAROMYCES CEREVISIAE* SUR LES PROTEINES DE L'INFLAMMATION DU TUBE DIGESTIF

Les symptômes externes des maladies inflammatoires du tube digestif sont le plus souvent les pertes de poids, la baisse de l'ingestion et surtout la diarrhée. Du point de vu immunologique, la progression de la maladie et des lésions inflammatoires est associée à une augmentation de la production locale de cytokines. Il y a une infiltration massive dans la zone d'inflammation de lymphocytes T et B, de macrophages et de neutrophiles, produisant une variété de cytokines pro-inflammatoires notamment les TNF-α (tumour necrosis factor), IL (interleukin) et INF-γ (interferon). Ces cytokines pro-inflammatoires ont diverses fonctions dont des activités antivirales, la reconnaissance du soi par la formation du complexe majeur d'histocompatibilité (CMH) ou la stimulation même des lymphocytes T et des cellules NK (natural killer) (Ito et al., 2006). L'accumulation de ces différents éléments principalement l'INF-γ, dans certains organes impliquerait donc un état d'inflammation chronique. Toutefois l'expression de l'inflammation intestinale est mesurable par le dosage de la MPO et l'haptoglobine.

Très peu de données existent sur le rôle et le mécanisme d'action de la levure probiotique (S. cerevisiae) sur la santé du lapin à travers les protéines de l'inflammation. La plupart des travaux publiés ont été effectués sur la souris (Dalmasso et al., 2006), sur le porc (Kogan & Kocher, 2007), sur les ruminants (Denev et al., 2007; Emmanuel et al., 2007), sur les oiseaux (Asli et al., 2007) et chez l'espèce humaine à l'aide de S. boulardii (Chen et al., 2006b; Mumy et al., 2008). Dans ces études, l'apparition de troubles digestifs et l'inflammation qui l'accompagne implique la combinaison de divers facteurs génétiques, environnementaux et immunitaires (Dalmasso et al., 2006). L'inhibition de l'inflammation par les levures probiotiques s'explique souvent par leur action sur le système immunitaire. Une étude a montré que l'inhibition par S. boulardii de l'accumulation des cytokines produit par les lymphocytes T (thymocyte ou cellule T) dans les tissus digestifs contribue à éviter les inflammations qui accompagnent les pathologies digestives (Dalmasso et al., 2006). Les lymphocytes T détruisent les cellules étrangères ou toute autre cellule qu'ils n'ont pas appris à reconnaitre. Selon ces auteurs, la levure probiotique produirait des sécrétions qui modifieraient l'adhérence des pathogènes aux cellules épithéliales. La réduction de la perméabilité membranaire du tube digestif permettrait aussi d'éviter l'inflammation causée par l'infiltration des cytokines. L'action anti-inflammatoire de *S. boulardii* a été aussi étudiée par Chen et *al.* (2006a). Ces auteurs ont lié l'action anti-inflammatoire de la levure à travers une inhibition des protéines ERK1/2. Les protéines ERK1/2 sont des enzymes ou des kinases qui jouent un rôle important dans la croissance, la prolifération et la différenciation cellulaire. Elles phosphorylent plusieurs substrats cytoplasmiques et nucléaires nécessaires à la transcription de nombreux gènes afin de poursuivre le processus de division cellulaire. L'utilisation de *S. boulardii* comme probiotique sur un modèle humain *in vitro* et sur la souris *in vivo* a réduit l'apparition d'inflammation liée à une infection à *C. difficile*. Cette levure a provoqué une inhibition de la toxine A sécrétée par la bactérie. L'inhibition de la toxine de l'agent pathogène a eu pour conséquence l'inactivation des ERK1/2 MAP Kinase (Extracellular signal-regulator kinase 1 and 2 Mitogen activated protein).

L'action anti-inflammatoire des levures notamment *S. cerevisiae* s'exerce, pour certains auteurs, à travers les polysaccharides constituant la paroi cellulaire (Kogan & Kocher, 2007). Pour eux, les polysaccharides composant la paroi de cette levure principalement le α-D-mannane et le β-D-glucane ont une action positive sur le système immunitaire. Le β-D-glucane a une action anti-oxydante et inhibitrice de la prolifération cellulaire. Il stimule la libération par les macrophages des cytokines TNF- α (cytokines à action anti-inflammatoire) (Majtan *et al.*, 2005). Des études portant sur l'impact du β-D-glucane issu de la paroi de la levure *S. cerevisiae* sur le TNF- α chez la souris, montre une nette augmentation de sa production par les macrophages (Majtan *et al.*, 2005). Ce constat indique que le β-D-glucane ou la levure *S. cerevisiae* stimulerait les macrophages et activerait la TNF- α avec une action anti-tumorale ou anti-inflammatoire. En alimentation animale, la levure par sa paroi supprimerait l'effet toxique de certaines substances par l'altération de leur fraction toxique.

En résumé, l'action de la levure sur la santé ou sur la croissance des animaux serait liée à la nature des polysaccharides qui composent la paroi cellulaire. Elle inhiberait l'adhésion des pathogènes aux cellules épithéliales du tube digestif en bloquant les liaisons carbohydrates nécessaires à cette adhésion. Elle stimulerait les cellules immunocompétentes et le mécanisme de défense immunitaire. L'action anti-inflammatoire serait liée à l'inhibition de la perméabilité membranaire des cellules épithéliales et de la prolifération des cellules inflammatoires.

II. ACTION DE LA LEVURE PROBIOTIQUE SUR L'ECOSYSTEME DIGESTIF

Chez les ruminants, l'effet de la levure se manifeste à travers la stabilisation du pH ruminal lorsque le régime de l'animal contient un fort taux de glucide rapidement fermentescible (Marden, 2007). Cette stabilisation du pH serait due à la stimulation des bactéries utilisatrices de lactate. L'effet de *S. cerevisiae* est aussi lié à la compétition pour l'utilisation des oses avec *Streptococcus bovis* limitant sa croissance et l'accumulation de lactate. La levure contribuerait au maintien du niveau d'anaérobiose du milieu ruminal par l'absorption d'oxygène. Elle produirait et fournirait en plus à certaines bactéries ruminales, notamment *Megasphaera elsdenii* et *Selenomonas ruminantium,* des molécules facteurs de croissance telles que les vitamines, les acides dicarboxyliques et les acides aminés. Le développement de ces bactéries induit l'activation du métabolisme du lactate et de sa transformation en propionate. La chute de la concentration en lactate permettrait d'éviter l'acidification trop accentuée du rumen en phase postprandiale. Les facteurs de croissance fournis par *S. cerevisiae* agiraient comme des accepteurs finaux d'électrons lors de la formation d'ATP. Ainsi au cours de la dégradation du lactate par *S. ruminantium*, la présence du malate augmenterait le métabolisme d'un facteur de 10 et d'un facteur 4 pour les autres produits intermédiaires de la dégradation du lactate en propionate (Nisbet & Martin, 1990) (**Figure 17**).

La croissance bactérienne nécessite de l'énergie, des acides aminés et des vitamines. Selon Girard (1994), la levure (en culture) fournirait aux bactéries anaérobies ces divers éléments indispensables à leur croissance. L'utilisation de ces éléments surtout le glucose par les bactéries anaérobies et par la levure contribuerait à la réduction de la quantité de sucres disponibles pour la croissance des bactéries productrices de lactate (*S. bovis*) dans le rumen (Chaucheyras *et al.*, 1996). Il s'en suit logiquement une baisse de la quantité de lactate produite dans le rumen et avec pour conséquence la stabilisation du pH.

Le développement des bactéries anaérobies serait aussi dû à une action directe de la levure sur le maintien du niveau d'anaérobiose du biotope. En effet le rumen ou le caecum chez les monogastriques (lapin, cheval, porc etc.) sont des milieux fortement réducteurs dans lesquels vivent en équilibre des microorganismes anaérobies facultatifs et anaérobies stricts.

Cette biocénose est très sensible à l'apport d'oxygène extérieur à travers l'eau de boisson, la prise d'aliment ou par diffusion à travers la paroi du tube digestif (rumen ou caecum) (Brogberg, 1957 ; Marounek et *al.*, 1982). La levure, grâce à sa capacité de captation des traces d'oxygène toxiques pour les bactéries anaérobies strictes du rumen ou du caecum, serait responsable du maintien de l'anaérobie du milieu lorsqu'elle est ingérée en quantité suffisante. La suppression de ces traces d'oxygène rendrait le biotope plus réducteur et stimulerait par conséquent l'activité des bactéries anaérobies strictes notamment les bactéries cellulolytiques. Newbold (1996) a ainsi pu montrer que l'addition de levure dans le rumen stimulait l'utilisation de l'oxygène.

Le mode d'action des levures décrite de cette manière cache quelques points d'ombre. En effet, l'action de la levure à travers le malate comme accepteur d'électrons pour la dégradation du lactate en propionate, nécessiterait une dose très élevée de levure dans le biotope. Selon Newbold et al. (1996), la concentration de malate (L-malate) dans la levure probiotique est négligeable. Il faudrait donc une concentration de malate supérieure à celle contenue dans 10g de levure pour avoir un effet sur les bactéries cellulolytiques ruminales. De plus le facteur de croissance fourni par la levure profiterait certes aux bactéries cellulolytiques et aux bactéries utilisatrices de lactate, mais aussi à toutes les autres y compris les bactéries productrices de lactate telle que *S. bovis*. Une étude a d'ailleurs rapporté que l'activité de *S. bovis* augmentait en présence de malate (Russell & Wilson, 1996).

La plupart des études ne font pas état de la présence de lactate dans le caecum du lapin contrairement au rumen. Les produits issus de la fermentation sont essentiellement l'acétate, le propionate et le butyrate. Dans ces conditions, on pourrait s'interroger sur le rôle de la levure dans le caecum, vu qu'il n'existe pas d'acidose chez le lapin. Sur quels paramètres la levure probiotique agirait-elle pour améliorer la santé et les performances zootechniques du lapin au delà de l'action immunologique ?
Si le mode d'action de la levure à travers la réduction du taux de lactate est à écarter chez le lapin, son rôle favorable sur l'activité métabolique en général est à prendre en compte. En plus des facteurs de croissance qu'elle pourrait fournir au microbiote autochtone, elle pourrait avoir un effet sur le pH et le potentiel d'oxydoréduction caecal, comme dans le rumen.

ETUDE BIBLIOGRAPHIQUE- Chapitre 3

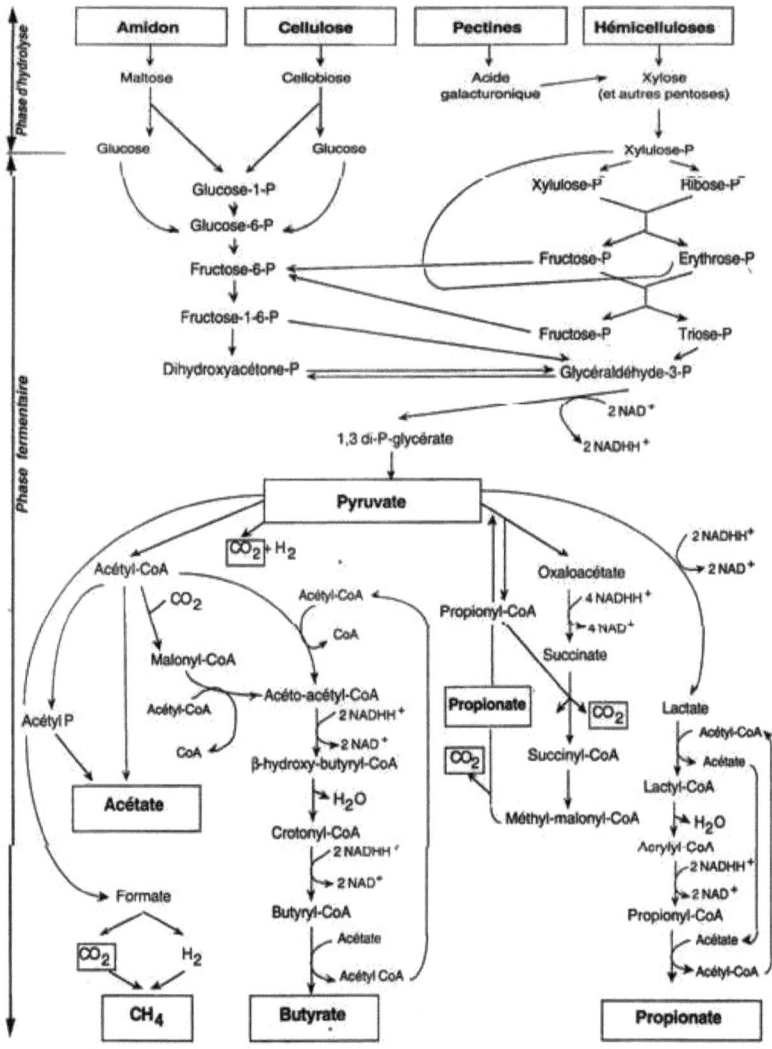

Figure 17: Voies du métabolisme glucidique (Jouany, 1995)

III. APPROCHE THERMODYNAMIQUE : EFFET SUR LE POTENTIEL REDOX ET LE pH

Les études de l'activité microbienne dans le cæcum du lapin sont généralement basées sur l'analyse des paramètres physico-chimiques notamment le pH, et les concentrations en produits terminaux des fermentations. Ces paramètres peuvent être complétés par la mesure du potentiel redox (E_h), en vue d'estimer l'état d'anaérobiose du milieu, comme cela a été effectué chez le ruminant (Broberg, 1957, Marounek et al., 1987; Andrade et al., 2002; Marden et al., 2005). La mesure du E_h dans un milieu aqueux tels que le contenu ruminal ou cæcal permet d'estimer la capacité de ce milieu à céder ou à capter des électrons et de l'hydrogène. Contrairement au rumen, il n'existe pas d'étude qui décrive l'E_h dans le cæcum du lapin. La mise au point d'une méthode de mesure du E_h doit être faite de sorte à éviter la contamination du milieu de mesure par l'air atmosphérique (Nordstrom & Wilde, 1998), sous peine de modifications des caractéristiques physico-chimiques du biotope et d'erreurs de mesure d'E_h. Cette étude bibliographique portera essentiellement sur les réactions d'oxydoréductions dans les systèmes biologiques en relation avec la nutrition animale. Une étude plus large a été cependant effectuée par Marden (2007) chez la vache.

III.A. RÉACTION D'OXYDO-*REDUCTION* ET PRODUCTION D'ATP

Une réaction d'oxydoréduction est un processus de transfert d'électrons d'un donneur (réducteur) à un accepteur (oxydant). L'équation de la réaction est la suivante :

$$Oxydant + n.e^- \rightleftharpoons Réducteur$$

Les couples d'oxydoréduction ayant les potentiels de réduction plus négatifs cèdent des électrons aux couples à potentiel plus positif qui les acceptent en raison d'une plus grande affinité.

Dans les systèmes biologiques, les réactions redox ont lieu lorsque les électrons ou les protons sont enlevés par voies enzymatiques d'un substrat et transférés à un transporteur d'électrons tel que la nicotinamide adénine dinucléotide (NAD^+). La réduction du NAD^+ donne le NADH et un proton.

$$NAD^+ + 2H^+ + 2e^- \rightleftarrows NADH + H^+$$

$$1/2 O_2 + 2H^+ + 2e^- \rightleftarrows H_2O$$

Le couple $NAD^+/NADH$ étant plus négatif que le $1/2O_2/H_2O$, les électrons se déplacent du NADH (réducteur) vers l'O_2 (l'oxydant). Ce déplacement d'électrons se produit au cours de la respiration aérobie. Cette réaction « libère » 220 kJ.mol^{-1} d'énergie pour la synthèse d'ATP. Lorsque la réaction est dans le sens contraire c'est-à-dire d'un potentiel plus positif vers un potentiel plus négatif, elle entraîne une consommation d'énergie.

Les microorganismes chimiotrophes du système digestif mettent à la disposition de l'organisme l'énergie sous forme d'ATP. Ils utilisent l'oxygène comme accepteur exogène d'électrons dans la respiration aérobie et le nitrate (NO_3), le sulfate ($SO^2{}_4$), le fer ferrique (Fe^{3+}) ou le CO_2 pour la respiration anaérobie. Le substrat énergétique peut aussi être oxydé et dégradé sans nécessiter l'intervention d'un accepteur exogène, c'est le cas de la fermentation. Elle utilise plutôt des accepteurs endogènes. La respiration et la fermentation aboutissent respectivement à la formation de 38 et 2 ATP/mole de glucose. Cette différence de rendement est due essentiellement au fait que l'accepteur dans le cas de la respiration a un potentiel de réduction beaucoup plus positif que le substrat.

III.B. MESURE DU *POTENTIEL* REDOX

Le E_h est une différence de potentiel (en Volt) mesurée par rapport à celle d'un système de référence constante. Il représente la différence de potentiel entre deux électrodes. L'une de ces deux électrodes est inerte. Elle joue le rôle de donneur ou d'accepteur par rapport aux couples redox présents dans la solution. La deuxième électrode est l'électrode de référence. Elle prend un potentiel connu et assure la connexion électrique avec le système à mesurer.

La méthode de mesure expérimentale du E_h couramment utilisée est la méthode potentiométrique. Elle est réalisée à l'aide de deux électrodes. La première est en platine et la seconde dite électrode de référence peut être en calomel, en argent-chlorure d'argent, en sulfate de mercure, en thalamide, etc. Toutes les données doivent être corrigées par rapport l'électrode d'hydrogène en tenant compte de la température du milieu et de la nature de la référence utilisée (Sauer & Teather, 1987) (**Tableau 8**).

Tableau 8: Potentiels des électrodes de référence (mV) en fonction de la température et de la concentration de chlorure de Potassium d'après (Nordstorm, 1977)

T° (°C)	Argent-Chlorure d'argent			Calomel			
	3M KCl	3,5M KCl	KCl saturé	3M KCl	3,5M KCl	4M KCl	KCl saturé
10	220	215	214	206	256	-	254
15	216	212	209	-	-	-	251
20	213	208	204	257	252	-	248
25	209	205	199	255	250	246	244
30	205	201	194	253	248	244	241
35	202	197	189	-	-	-	238
40	198	193	184	249	244	239	234

III.C. RELATIONS ENTRE POTENTIEL REDOX (EH), PH ET OXYGENE

Théoriquement, il existe une relation linéaire entre le E_h et le pH. Cependant, lorsque le E_h subit des variations rapides, cette relation n'est plus linéaire. Ainsi, Bohn (1969) a pu constater que l'apport de substances organiques facilement oxydables faisait apparaître une relation non linéaire entre le pH et le E_h. En tenant compte de l'influence de la température moyenne du rumen ou du caecum qui est de 39°C et en supposant que l'activité de l'eau est unitaire, il est possible d'exprimer la pression partielle d'oxygène en fonction du E_h et du pH. Cette relation est tirée de deux équations thermodynamiques complexes dont l'une est de Tardy et al. (1999) et la seconde de Nernst (Valsaraj, 2000).

$$\text{Log P(O2)} = 64{,}59.E_h + 4.pH - 78{,}60$$

Cependant le calcul de la concentration en oxygène dans le jus ruminal à l'aide de cette formule donne des valeurs de l'ordre de 10^{-65} atm (Marden, 2007). Ce qui signifierait purement l'absence d'oxygène dans le jus ruminal, bien que cela ne soit pas vrai. Elle a tout de même donné une indication sur le niveau d'anaérobiose du rumen en présence ou en l'absence de levure probiotique (Biosaf®). Cet auteur a pu constater la diminution de $10^{0,8}$ atm de la pression partielle d'oxygène dans le rumen de vaches ingérant de la levure.

Le rumen est un milieu très réducteur, « sans » oxygène où le E_h varie entre -250 et -150 mV (Broberg, 1957; Marounek et al., 1982; Marden et al., 2005). C'est un milieu favorable à l'activité fermentaire des bactéries lactiques, propioniques et méthanogènes.

CONCLUSIONS ET PERSPECTIVE

Les populations microbiennes du rumen ou du caecum sont affectées par divers facteurs d'origine alimentaire et/ou microbienne. Toute perturbation de ces écosystèmes (caecal ou ruminal) par ces facteurs peut altérer la santé et les performances de l'animal.

Le lapin est sensible aux pathologies digestives durant la période post-sevrage, qui se manifestent par des diarrhées suivies de mortalités pour la plupart. Utilisée depuis de nombreuses années dans la panification et la fermentation alcoolique, la levure probiotique (*S. cerevisiae*) est aussi un additif alimentaire chez les animaux. Elle est utilisée pour la régulation de l'écosystème digestif, pour améliorer la santé et les performances zootechniques. Il est reconnu que les levures ont une action positive sur divers paramètres de physiologie digestive ou sur la croissance. Si de nombreuses études expérimentales montrent des effets bénéfiques de la levure chez les animaux, son mode d'action par contre reste mal connu.

En santé animale, l'action immunologique de la levure probiotique ou son action contre l'inflammation serait associée à sa capacité à réduire la perméabilité membranaire des cellules épithéliales ou à la modulation de l'action des cytokines par le biais des polysaccharides composant sa paroi cellulaire.

Par ailleurs, presque aucune étude n'a analysé chez le lapin les effets des probiotiques sur la biocénose caecale. Il apparaît nécessaire d'étudier les effets de cette flore exogène sur le microbiote digestif du lapin en croissance, et d'analyser les interactions avec le biotope. Chez les ruminants, l'action de la levure *S. cerevisiae* s'observe sur la régulation de la production de lactate ruminal lorsque l'animal ingère un régime concentré pauvre en fibres. Le taux de lactate est lié à la structure de la biocénose ruminale, elle-même dépendante du niveau d'anaérobiose du biotope. Des études plus récentes ont montré que

Conclusions et perspectives

cette levure avait une aptitude à consommer l'oxygène qui pourrait se retrouver dans le rumen. Elle renforce par conséquent le caractère anaérobie du biotope ruminal. La baisse de la concentration d'oxygène dans ce milieu fermentaire s'exprime par la baisse du E_h et la stabilisation du pH à 6. Cette stabilisation du pH est synonyme d'une stabilisation de la production de lactate dans le rumen.

Bien que du point de vu anatomique le site des fermentations dans le tube digestif du lapin (caecum) soit moins exposé à l'oxygène par rapport au rumen, et que les valeurs de la pression partielle d'oxygène calculée avec les mesures de E_h et de pH ne reflètent pas exactement la concentration en oxygène, elles peuvent toute de même être utilisées comme indicateur du niveau d'anaérobiose du contenu caecal et statut sanitaire du lapin. En effet, si le thème « acidose » est à proscrire chez le lapin et la production de lactate quasi nulle dans le caecum, la levure pourrait consommer les traces d'oxygène introduites par l'eau de boisson et par la paroi du tube digestif, baisser le E_h et stabiliser le pH. La stabilisation du biotope caecal serait favorable au développement d'une biocénose anaérobie strict au détriment des aérobies responsables de pathologies digestives.

En vu de la vérification de ces hypothèses, nous étudierons les variations de la biocénose et du biotope en fonction de la présence ou non de levure probiotique (*S. cerevisiae*) et de faire une brève comparaison avec les résultats recueillis avec la même levure chez d'autres espèces animales notamment la vache dans le tome 2. Dans ce but, nous mettrons au point une **technique de mesure fiable du E_h, du pH et de la température caecale** du lapin. L'objectif sera d'évaluer les différentes variations de ces paramètres du biotope en fonction de la période, de l'âge, du statut nutritionnel et du statut sanitaire du lapin. Ensuite, pour le même objectif, nous évaluerons un indicateur de l'inflammation générale (l'**haptoglobine sanguin**) et un indicateur de l'inflammation locale (la **myélopéroxydase**).

Conclusions et perspectives

Enfin, l'effet de la levure probiotique *S. cerevisiae* SC 47 (Biosaf®) sur ces paramètres du biotope, de la biocénose et de l'inflammation devra être étudié lors de différentes situations nutritionnelles.

Ainsi, au delà de contribuer aux connaissances sur l'effet de la levure probiotique en alimentation animale, les travaux intègreront une démarche pluridisciplinaire (microbiologique, physique, biochimique, zootechnique etc.). Ils permettront de faire une approche globale des interactions statut nutritionnel, physiologique et sanitaire du lapin en post-sevrage.

REFERENCES BIBLIOGRAPHIQUES

Abecia L (2006) Characterization of caecal microbial population of the rabbit: effect of feeding level and antibiotics supplementation on the biodiversity and nitrogen recycling. PhD, Veterinary faculty.

Abecia L, Fondevila M, Balcells J, Lobley GE & McEwan NR (2007) The effect of medicated diets and level of feeding on caecal microbiota of lactating rabbit does. *Journal of Applied Microbiology* **103**, 787-793.

Adami A & Cavazzoni V (1999) Occurrence of selected bacterial groups in the faeces of piglets fed with Bacillus coagulans as probiotic. *J Basic Microbiol.* **39**, 3-9.

Adams DC, Galyean ML, Kiesling HE, Wallace JD & Finkner MD (1981) Influence of Viable Yeast Culture, Sodium Bicarbonate and Monensin on Liquid Dilution Rate, Rumen Fermentation and Feedlot Performance of Growing Steers and Digestibility in Lambs. *Journal of Animal Science* **53**, 780-789.

Adjiri D, Bouillier Oudot M, Lebas F & Candau M (1992) Simulation in vitro des fermentations caecales du lapin en fermenteur à flux semi-continu. 1) Rôle du prétraitement du substrat alimentaire. *Reproduction Nutrition Development, 32, 351-360.*

Adjiri D, Bouillieroudot M, Lebas F & Candau M (1995) In vitro simulation of rabbit caecal fermentation in a semi-continuous flow fermentor .3. Effect of the quantity of dry matter introduced daily and reproductibility of the method. *Reproduction Nutrition Development* **35**, 121-128.

Ando S, Khan RI, Takahasi J, Gamo Y, Morikawa R, Nishiguchi Y & Hayasaka K (2004) Manipulation of rumen fermentation by yeast: The effects of dried beer yeast on the in vitro degradability of forages and methane production. *Asian-Australasian Journal of Animal Sciences* **17**, 68-72.

Andrade PVD, Giger-Reverdin S & Sauvant D (2002) Relationship between two parameters (pH and redox potential) characterising rumen status: Influence of diets In *9th, Rencontres Recherches Ruminants*, pp. 332 Paris, France.

Andras B, Zsolt S, Zsolt M, Hedvig F, Roland P, Gabor T, Peter H, Ferenc K & Melinda K (2008) Effect of Bacillus cereus var. toyoi (Toyocerin (R)) on caecal microflora and fermentation in rabbits. *Magyar Allatorvosok Lapja* **130**, 87-95.

Aoun M, Grenet L, Mousset J & Robart P (1994) Effet d'une supplementation avec de l'oxytetracycline et des levures vivantes sur les performances d'engraissement. In *6ièmes Journées de la Recherche Cunicole*, pp. 277-283.

Arcos-Garcma JL, Castrejsn FA, Mendoza GD & Pirez-Gavilan EP (2000) Effect of two commercial yeast cultures with Saccharomyces cerevisiae on ruminal fermentation and digestion in sheep fed sugar cane tops. *Livestock Production Science* **63**, 153-157.

Asli MM, Hosseini SA, Lotfollahian H & Shariatmadari F (2007) Effect of probiotics, yeast, vitamin E and vitamin C supplements on performance and immune response of laying hen during high environmental temperature. *International Journal of Poultry Science* **6**, 895-900.

Asmenskaite L, Juskiewicz J, Zdunczyk Z, Staniskiene B, Budreckiene R, Sinkeviciene I, Zilinskiene A & Matusevicius P (2007) Influence of chicory flour (Cichorium intybus L.) on physiology of digestive tract and health in rabbits. *Veterinarija ir Zootechnika*, 3-8.

Ayyat MS, Marai IFM & El-Aasar TA (1996) New Zealand White rabbit does and their growing offsprings as affected by diets containing different protein level with or without Lacto-Sacc supplementation. *World Rabbit Science* **4**, 225-230.

Baldwin RL & Emery RS (1960) The oxidation-. reduction potential of rumen contents. *Dairy sciences* **43**, 506-511.

Baljit K, Umesh K, Sareen VK & Sudarshan S (2003) Influence of addition of yeast culture (YEA-SACC228) to the diet of buffalo calves on ruminal fermentation and in sacco digestibility of some roughages. *SARAS Journal of Livestock and Poultry Production* **19**, 38-46.

Baron JH (2000) The pancreas. *Mt Sinai J Med,* **67**, 68-75.

Barone R, Pavaux C, Blin P.C. & Cuq P (1973) *Atlas d'anatomie du lapin*, Masson et Cie Eds ed. Paris, France.

Barry TN, Thompson A & Armstrong DG (1977) Rumen fermentation studies on two contrasting diets. 1. Some characteristics of the in vivo fermentation, with special reference to the composition of the gas phase, oxidation/reduction state and volatile fatty acid proportions. *J. Agric. Sci. Camb.* **89**.

Bellier R (1994) Nutritional control of the caecal fermentative activity in the rabbit. Thèse de Doctorat, Ecole Nationale Supérieure Agronomique, Institut National polytechnique de Toulouse.

Bellier R & Gidenne T (1996) Consequences of reduced fibre intake on digestion, rate of passage and caecal microbial activity in the young rabbit. *British Journal of Nutrition* **75**, 353-363.

Bellier R, Gidenne T, Vernay M & Colin M (1995) In vivo study of circadian variations of the cecal fermentation pattern in postweaned and adult rabbits. *Journal of Animal Science* **73**, 128-135.

Bennegadi-Laurent N, Gidenne T & Licois D (2004) Nutritional and sanitary statuses alter postweaning development of caecal microbial activity in the rabbit. *Comparative Biochemistry and Physiology - Part A: Molecular & Integrative Physiology* **139**, 293-300.

Bennegadi N (2002) Les entéropathies non spécifiques du lapin en croissance. Impact des facteurs microbiens et nutritionnels. Thèse de doctorat, *ENSAR, Université de Rennes*.

Bennegadi N, Gidenne T & Licois D (2003) Conséquences d'une entéropathie d'origine nutritionnelle sur l'activité microbienne cæcale du lapin en croissance. In *Journées de la Recherche Cunicole, 19-20 nov. 2003, Paris*.

Biavati B, Vasta M & Ferry JG (1988) Isolation and characterization of Methanosphaera cuniculi sp. nov. *Appl Environ Microbiol.* **54**, 768-771.

Biricik H & Turkmen II (2001) The effect of Saccharomyces cerevisiae on in vitro rumen digestibilities of dry matter, organic matter and neutral detergent fibre of different forage:concentrate ratios in diets. *Veteriner Fakultesi Dergisi, Uludag Universitesi* **20**, 29-33.

Blas Cd, Garcia J & Alday S (1991) Effects of dietary inclusion of a probiotic (Paciflor(R)) on performance of growing rabbits. *Journal of Applied Rabbit Research* **14**, 148-150.

Bohn HL (1969) The EMF platinum electrodes in dilute solutions and its relation to soil pH. . *Soil. Sci. Soc. Amer. Proc.* **33**, 639-640.

Boulahrouf A, Fonty G & Gouet P (1991) Establishment, counts and identification of the fibrolytic bacteria in the digestive tract of rabbit. Influence of feed cellulose content. *Current microb.* **22**, 1-25.

Braegger CP (2002) Probiotika in der Prävention und Behandlung der akuten Gastroenteritis bei Kindern. *Monatsschrift Kinderheilkunde* **150**, 824-828.

Broberg G (1957) Measurements of the redox potential in rumen contents. III. Investigations into the effect of oxygen on the redox potential and quantitative in vitro determinations of the capacity of rumen contents to consume oxygen. *Nord. Vet. Med.* **9**, 942–950.

Broudiscou LP, Agbagla-Dohnani A, Papon Y, Cornu A, Grenet E & Broudiscou A (2001) Quantitative effects of alfalfa extract supply on rice straw degradation, fermentation and biomass synthesis by rumen microorganisms in vitro. *Anim. Res* **50**, 429-440.

C.A.M. & C.A.P. (1994) Etude des effets d'une supplementation en Biosaf® sur la mortalité et les performances de croissance des lapins en engraissement, en conditions terrain. 1993-1994 [Lesaffre, editor.

Callaway ES & Martin SA (1997) Effects of a Saccharomyces cerevisiae culture on ruminal bacteria that utilize lactate and digest cellulose. *Journal of Dairy Science* **80**, 2035-2044.

Carabaño R, Badiola I, Licois D & Gidenne T (2006) The digestive ecosystem and its control through nutritional or feeding strategies. In *Recent advances in rabbit sciences*, pp. 211-228 [LMaP Coudert, editor]. Melle, Belgium: COST (ESF) and ILVO, Melle, Belgium.

Carabaño R, Motta Ferreira W, De Blas JC & Fraga MJ (1997) Substitution of sugarbeet pulp for alfalfa hay in diets for growing rabbits. *Anim Feed Sci Tech* **65**, 249-256.

Carabano R & Piquer. J (1998) The Digestive System of the Rabbit. In *The Nutrition of the Rabbit* [CdBaJ Wiseman, editor]. London: CABI Publishing.

Carro MD, Lebzien P & Rohr K (1992) Effects of yeast culture on rumen fermentation, digestibility and duodenal flow in dairy cows fed a silage-based diet. *Livest. Prod. Sci.* **32**, 219-229.

Carter HE & Phillips GE (1944) The nutritive value of yeast proteins. . *Fed. Proc.* **3**, 123-128.

Casamayor EO, Schafer H, Baneras L, Pedros-Alio C & Muyzer G (2000) Identification of and Spatio-Temporal Differences between Microbial Assemblages from Two Neighboring Sulfurous Lakes: Comparison by Microscopy and Denaturing Gradient Gel Electrophoresis. *Applied and environmental microbiology* **66**, 499-508.

Castellini C, Cardinali R, Rebollar PG, Dal Bosco A, Jimeno V & Cossu ME (2007) Feeding fresh chicory (Chicoria intybus) to young rabbits: Performance, development of gastro-intestinal tract and immune functions of appendix and Peyer's patch. *Animal Feed Science and Technology* **134**, 56-65.

Chaucheyras-Durand F & Fonty G (2001) Establishment of cellulolytic bacteria and development of fermentative activities in the rumen of gnotobiotically-reared lambs receiving the microbial additive Saccharomyces cerevisiae CNCM I-1077. *Reproduction Nutrition Development* **41**, 57-68.

Chaucheyras-Durand F, Madic J., Doudin F. & C. M (2006) Biotic and abiotic factors influencing in vitro growth of Escherichia coli O15:H7 in ruminant digestive contents. *Applied and environmental microbiology* **72**, 4136-4142.

Chaucheyras F, Fonty G, Bertin G, Salmon J-M & Gouet P (1996) Effects of a strain of Saccharomyces cerevisiae (Levucell® SC), a microbial additive for ruminants, on lactate metabolism in vitro. *Canadian journal of microbiology* **42**, 927-933.

Chaucheyras F, Millet L, Michalet-Doreau B, Fonty G, Bertin G & Gouet P (1997) Effect of an addition of LEVUCELL⌀ SC on the rumen microflora of sheep during adaptation to high starch diets. In *Evolution of the rumen microbial ecosystem* pp. 82 [RRIa INRA, editor. Centre de Clermont-Theix 'Evolution of the rumen microbial ecosystem

Chaudhary LC, Singh R, Kamra DN & Pathak NN (1995) Effect of oral administration of yeast (Saccharomyces cerevisiae) on digestibility and growth performance of rabbits fed diets of different fibre content. *World Rabbit Science* **3**, 15-18.

Chen X, Kokkotou EG, Mustafa N, Bhaskar KR, Sougioultzis S, O'Brien M, Pothoulakis C & Kelly CP (2006a) Saccharomyces boulardii Inhibits ERK1/2 Mitogen-activated Protein Kinase Activation Both in Vitro and in Vivo and Protects against Clostridium difficile Toxin A-induced Enteritis. *J. Biol. Chem.* **281**, 24449-24454.

Chen XH, Kokkotou EG, Mustafa N, Bhaskar KR, Sougioultzis S, O'Brien M, Pothoulakis C & Kelly CP (2006b) Saccharomyces boulardii inhibits ERK1/2 mitogen-activated protein kinase activation both in vitro and in vivo and protects against Clostridium difficile toxin A-induced enteritis. *Journal of Biological Chemistry* **281**, 24449-24454.

Chiang BL, Sheih YH, Wang LH, Liao CK & Gill HS (2000) Enhancing immunity by dietary consumption of a probiotic lactic acid bacterium (Bifidobacterium lactis HN019): optimization and definition of cellular immune responses. *Eur J Clin Nutr.* **54**, 849-855.

Cooke KM, Bernard JK & West JW (2007) Performance of lactating dairy cows fed whole cottonseed coated with gelatinized starch plus urea or yeast culture. *Journal of Dairy Science* **90**, 360-364.

Corpet DE (1999a) Antibiotiques en élevage et résistances bactériennes : vers une interdiction ? . *Rev Med Vet.* **150**, 165-170.

Corpet DE (1999b) Antibiotiques en élevage et résistances bactériennes : vers une interdiction ? *Rev Med Vet* **150**, 165-170.

Corring T & Rerat A (1988) A survey of enzymatic digestion in simple-stomached animals. *Int J Vitam Nutr Res Suppl.* **25**, 9-26.

Cotta MA (1992) Interaction of ruminal bacteria in the production and utilization of maltooligosaccharides from starch. *Applied and environmental microbiology* **58**, 48-54.

Crociani F, Biavati B, Castagnoli P & Matteuzzi D (1984) Anaerobic ureolytic bacteria from caecal content and soft faeces of rabbit. *J. Appl. Bacteriology* **57**, 83-88.

Crociani F, Minardi A, Matteuzzi D, Gioffre & Lebas F (1985) Bactéries uréolytiques et activité uréasique dans le tube digestif du lapin. *MAN, Microbiol Alim Nutr,* **3**, 83-86.

Czerucka D & Rampal P (2002) Experimental effects of Saccharomyces boulardii on diarrheal pathogens. *Microbes and Infection* **4**, 733-739.

Dalmasso G, Cottrez F, Imbert V, Lagadec P, Peyron J-F, Rampal P, Czerucka D & Groux H (2006) Saccharomyces boulardii Inhibits Inflammatory Bowel Disease by Trapping T Cells in Mesenteric Lymph Nodes. *Gastroenterology* **131**, 1812-1825.

Dann HM, Drackley JK, McCoy GC, Hutjens MF & Garrett JE (2000) Effects of yeast culture (Saccharomyces cerevisiae) on prepartum intake and postpartum intake and milk production of jersey cows. *Journal of Dairy Science* **83**, 123-127.

Dawson KA (2000) Some milestones in our understanding of yeast culture supplementation in ruminants and their implications in animal production systems. In *Proceedings of the 16th Annual Symposium.*, pp. 473-486 [BitF Industry, editor]. Nottingham University Press, Nottingham, UK.: T.P. Lyons and K.A. Jacques.

Dawson KA, Newman. KE & Boling JA (1990) Effects of microbial supplements containing yeast and lactobacilli on roughage fed microbial activities. *J. Anim. Sci.* **68**, 3392-3398.

de Vrese M & Marteau PR (2007) Probiotics and Prebiotics: Effects on Diarrhea. *Journal of Nutrition* **137**, 803S-811.

Debray L, Fortun-Lamothe L & Gidenne T (2002) Influence of low dietary starch/fibre ratio around weaning on intake behaviour, performance and health status of young and rabbit does. *Animal Research* **51**, 63-75.

Delbès C, Godon J-J & Moletta R (1998) 16S rDNA sequence diversity of a culture-accessible part of an anaerobic digestor bacterial community. *Anaerobe* **4**, 267-275.

Denev SA, Peeva T, Radulova P, Stancheva P, Staykova G, Beev G, Todorova P & Tchobanova S (2007) Yeast cultures in ruminant nutrition *Bulg. J. Agric. Sci.* **13**, 357-374.

DeNigris SJ, Hamosh M, Kasbekar DK, Lee TC & Hamosh P (1988) Lingual and gastric lipases: species differences in the origin of prepancreatic digestive lipases and in the localization of gastric lipase. *Biochimica et Biophysica Acta (BBA) - Lipids and Lipid Metabolism* **959**, 38-45.

Devriese LA, Hommez J, Pot B & Haesebrouck F (1994) Identification and composition of the streptococcal and enterococcal flora of tonsils, intestines and faeces of pigs. *J Appl Bacteriol.* **77**, 31-36.

Ding J, Zhou ZM, Ren LP & Meng QX (2008) Effect of monensin and live yeast supplementation on growth performance, nutrient digestibility, carcass characteristics and ruminal fermentation parameters in lambs fed steam-flaked corn-based diets. *Asian-Australasian Journal of Animal Sciences* **21**, 547-554.

Dolezal J & Dolezal P (2007) Digestibility of organic matter of total mixed rations with the supplementation of yeast culture using the in vitro method. *Acta Universitatis Agriculturae et Silviculturae Mendelianae Brunensis* **55**, 59-64.

Dolezal P & Dolezal J (2005) The yeast culture Saccharomyces cerevisiae (Strain 47) as manipulator of rumen fermentation in postpartal period of dairy cows. *Acta Universitatis Agriculturae et Silviculturae Mendelianae Brunensis* **53**, 27-33.

Doreau M & Jouany JP (1998) Effect of a Saccharomyces cerevisiae culture on nutrient digestion in lactating dairy cows. *Journal of Dairy Science* **81**, 3214-3221.

Dubuquoy L, Bourdon C, Peuchmaur M, D. Leibowitz M, Nutten S, Colombel J-F, Auwerx J & Desreumaux P (2000) Le récepteur activé par les proliférateurs des peroxysomes (PPAR) γ : une nouvelle cible thérapeutique pour le traitement des maladies inflammatoires chroniques de l'intestin. *Gastroenterol Clin Biol* **24**, 719-724.

Duc LH, Hong HA, Barbosa TM, Henriques AO & Cutting SM (2004) Characterization of Bacillus Probiotics Available for Human Use. *Appl. Environ. Microbiol.* **70**, 2161-2171.

Dugas B, Mercenier A, Lenoir-Wijnkoop I, Arnaud C, Dugas N & Postaire E (1999) Immunity and probiotics. *Immunology Today* **20**, 387-390.

Durand-Chaucheyras F, Fonty G & Bertin G (1997) L'utilisation de levures vivantes, additif microbiens chez le ruminant : Effets sur la microflore et les fermentations ruminales, effets zootechniques. *Bulletin des G.T.V. n°5B* **576**, 35-52.

Dutta TK & Kundu SS (2005) In vitro rumen fermentation and gas production as affected by probiotics addition. *Indian Journal of Animal Sciences* **75**, 817-822.

El-Gaafary MN, Rashwan AA, El-Kerdawy DMA & Yamani KA (1992) Effects of feeding pelleted diet supplemented with probiotic (Lacto-Sacc) on digestibility, growth performance, blood constituents, semen characteristics and reproductive traits of rabbits. *Egyptian Journal of Rabbit Science* **2**, 95-105.

El-Hindawy MM, Yamani KA & Tawfeek MI (1993) Effect of probiotic (Lacto-Sacc) in diets with different protein levels on growth performance, digestibility and some carcass aspects of growing rabbits. *Egyptian Journal of Rabbit Science* **3**, 13-28.

El-Waziry AM & Ibrahim HR (2007) Effect of *Saccharomyces cerevisiae* of Yeast on Fiber Digestion in Sheep Fed Berseem (Trifolium alexandrinum) Hay and Cellulase Activity. *Australian Journal of Basic and Applied Sciences,* **1**, 379-385.

Emmanuel DGV, Jafari A, Beauchemin KA, Leedle JAZ & Ametaj BN (2007) Feeding live cultures of Enterococcus faecium and Saccharomyces cerevisiae induces an inflammatory response in feedlot steers. *Journal of Animal Science* **85**, 233-239.

Erickson KL & Hubbard NE (2000) Probiotic Immunomodulation in Health and Disease. *Journal of Nutrition* **130**, 403.

Erickson RH & Kim YS (1990) Digestion and Absorption of Dietary Protein. *Annual Review of Medicine* **41**, 133-139.

Fairbrother JM & Nadeau E (2006) Escherichia coli: on-farm contamination of animals. *Revue Scientifique Et Technique-Office International Des Epizooties* **25**, 555-569.

Falcao-e-Cunha L, Castro-Solla L, Maertens L, Marounek M, Pinheiro V, Freire J & Mourao JL (2007) Alternatives to antibiotic growth promoters in rabbit feeding: A review. *World Rabbit Science* **15**, 127-140.

Fleige S, Preibinger W, Meyer HHD & Pfaffl MW (2007) Effect of lactulose on growth performance and intestinal morphology of pre-ruminant calves using a milk replacer containing Enterococcus faecium. *Animal* **1**, 367-373.

Fonty G & Chaucheyras-Durand F (2007) Les écosystèmes digestifs In *Monographies de microbiologie*, pp. 311.

Forsythe SJ & Parker DS (1985) Nitrogen metabolism by the microbial flora of the rabbit caecum. *Journal of Applied Microbiology* **58**, 363-369.

Fortun-Lamothe L & Gidenne T (2001) Feeding strategies for the weaning period in relation to the digestion and the nutritional needs of young rabbits. *9èmes Journées de la Recherche Cunicole* **1**, 173-190.

Fuller R (1999) Probiotic for farm animals. In *Probiotic: a general review*, pp. 15-22 [GW Tannock, editor]: Horizon scientific press, Wymondham UK.

Gagnon M, Kheadr EE, Le Blay G & Fliss I (2004) In vitro inhibition of Escherichia coli O157:H7 by bifidobacterial strains of human origin. *International Journal of Food Microbiology* **92**, 69-78.

Galand G (1989) Brush border membrane sucrase-isomaltase, maltase-glucoamylase and trehalase in mammals. Comparative development, effects of glucocorticoids, molecular mechanisms, and phylogenetic implications. *Comp Biochem Physiol B.* **94**, 1-11.

Garcia J, Carabano R, Perez-Alba L & De Blas J (2000) Effect of fiber source on cecal fermentation and nitrogen recycled through cecotrophy in rabbits. *Journal of Animal Science* **78**, 638-646.

Genheim C, Alenius S & Persson Waller K (2007) Acute phase proteins as indicators of calf herd health. *The Veterinary Journal* **173**, 645-651.

Gidenne T (1986) Quantitative variation of bacterial fermentation products in the digestive tract of growing rabbits during the 24-h cycle. Relationships with the dietary lignin content. *Annales de Zootechnie* **35**, 121-136.

Gidenne T (1994) Effets d'une réduction de la teneur en fibres alimentaires sur le transit digestif du lapin. Comparaison et validation de modèles d'ajustement des cinétiques d'excrétion fécale des marqueurs. *Reproduction Nutrition Development* **34**, 295-306.

Gidenne T (1997) Caeco-colic digestion in the growing rabbit: impact of nutritional factors and related disturbances. *Livestock Production Science* **51**, 73-88.

Gidenne T (2003) Fibres in rabbit feeding for digestive troubles prevention: respective role of low-digested and digestible fibre. *Livestock Production Science* **81**, 105-117.

Gidenne T & Bellier R (1992) Etude in vivo de l'activité fermentaire caecale chez le lapin. Mise au point et validation d'une nouvelle technique de canulation caecale. *Reproduction Nutrition Development* **32**, 365-376.

Gidenne T, Carabaño R, Badiola I, Garcia J & Licois D (2007a) The caecal ecosystem of the domestic rabbit: impact of nutrition and of some feeding factors – implications for the digestive health of the young rabbit. *12ème J. Rech. Cunicoles*, 59-71.

Gidenne T, Combe S., Carabaño R, Badiola I, Garcia J & Licois D (2008) Ecosystème caecal et nutrition du lapin: interactions avec la santé digestive. *INRA Prod. Anim.*, **21**, 239-250.

Gidenne T, Debray L, Fortun-Lamothe L & Le Huerou-Luron I (2007b) Maturation of the intestinal digestion and of microbial activity in the young rabbit: Impact of the dietary fibre:starch ratio. *Comparative Biochemistry and Physiology - Part A: Molecular & Integrative Physiology* **148**, 834-844.

Gidenne T & Garcia J (2006) Nutritional strategies improving the digestive health of the weaned rabbit. In *Recent advances in rabbit sciences*, pp. 229-238 [LMaP Coudert, editor]. Melle, Belgium: ILVO, Melle, Belgium.

Gidenne T & Jehl N (1999) Réponse zootechnique du lapin en croissance face à une réduction de l'apport de fibres, dans des régimes riches en fibres digestibles. *8ème J. Rech. Cunicoles Fr.*, 109-113.

Gidenne T & Jehl N (2000) Caecal microbial activity of the young rabbit : incidence of a fibre deficiency and of feed intake level. *7th World Rabbit Congress* **World Rabbit Sci., 8, suppl.1, vol. C**, 223-229.

Gidenne T, Jehl N, Lapanouse A & Segura M (2004) Inter-relationship of microbial activity, digestion and gut health in the rabbit: effect of substituting fibre by starch in diets having a high proportion of rapidly fermentable polysaccharides. *British Journal of Nutrition* **92**, 95-104.

Gidenne T & Lebas F (1984) Evolution circadienne du contenu digestif chez le lapin en croissance. Relation avec la caecotrophie. *Proc. 3rd the World Rabbit Congress* **2**, 494-501.

Gidenne T & Lebas F (2006) Feeding behaviour in rabbits. In *Feeding in domestic vertebrates. From structure to behaviour*, pp. 179-209 [V Bels, editor]. Wallingford, UK: CABI publishing.

Gidenne T & Licois D (2005) Effect of a high fibre intake on the resistance of the growing rabbit to an experimental inoculation with an enteropathogenic strain of Escherichia coli. *Animal Science* **80**, 281-288.

Gidenne T, Pinheiro V & Falcao e Cunha L (2000) A comprehensive approach of the rabbit digestion: consequences of a reduction in dietary fibre supply. **64**, 225-237.

Giger-Reverdin S, Duvaux-Ponter C, Rigalma K & Sauvant D (2006) Effect of chewing behaviour on ruminal redox potential variability in dairy goats. In *13es rencontres autour des recherches sur les ruminants* pp. 452 Paris, FRANCE Institut de l'élevage, Paris, FRANCE.

Giger-Reverdin S, Sauvant D, Tessier J, Bertin G & Morand-Fehr P (2004) Effect of live yeast culture supplementation on rumen fermentation in lactating dairy goats. *8th International Conference on Goats*, 59-61.

Gippert T, Bersényi A, Szabó L & Farkas Z (1996) Development of novel feed concentrates supplemented with Salinomycin and Lacto-Sacc for growing rabbit nutrition in small scale farms. In *6th World Rabbit Congres*, pp. 187-190. Toulouse (France).

Girard D & Dawson KA (1994) Effects of a yeast culture on the growth characteristics of representative ruminal bacteria. *J. Anim. Sci.* **72**, 300 (Abstr.).

Gomez-Alarcon RA, Dudas C & Huber JT (1990) Influence of Cultures of Aspergillus oryzae on Rumen and Total Tract Digestibility of Dietary Components. *Journal of Dairy Science* **73**, 703-710.

Gouet P & Fonty G (1979) Changes in the digestive microflora of holoxenic rabbits from birth until adullthood. *Ann. Biol. Anim. Bioch. Biophys.* **19**, 553-566.

Gournier-chateau N, Larpent JP, Castellanos MI & Larpent JL (1994) *Les probiotiques en alimentation animale et humaine*, Lavoisier ed.

Guerra NP, Bernardez PF, Mendez J, Cachaldora P & Pastrana Castro L (2007) Production of four potentially probiotic lactic acid bacteria and their evaluation as feed additives for weaned piglets. *Animal Feed Science and Technology* **134**, 89-107.

Harrison GA, Hemken RW, Dawson KA, Harmon RJ & Barker KB (1988) Influence of Addition of Yeast Culture Supplement to Diets of Lactating Cows on Ruminal Fermentation and Microbial Populations. *Journal of Dairy Science* **71**, 2967-2975.

He T, Priebe MG, Zhong Y, Huang C, Harmsen HJM, Raangs GC, Antoine JM, Welling GW & Vonk RJ (2008) Effects of yogurt and bifidobacteria supplementation on the colonic microbiota in lactose-intolerant subjects. *Journal of Applied Microbiology* **104**, 595-604.

Heugten Ev, Funderburke DW & Dorton KL (2003) Growth performance, nutrient digestibility, and faecal microflora in weanling pigs fed live yeast. *Journal of Animal Science* **81**, 1004-1012.

Hollister AG, Cheeke PR, Robinson KL & Patton NM (1990) Effects of dietary probiotics and acidifiers on performane of weanling rabbits. *J. Appl. Rabbit res.* **13**, 6-9.

Hornich M & Chrastova V (1981) Redox potential of the large intestine of swine in relation to swine dysentery. *Veterinarni Medicina* **26**, 593-598.

Ito R, Shin-Ya M, Kishida T, Urano A, Takada R, Sakagami J, Imanishi J, Kita M, Ueda Y, Iwakura Y, Kataoka K, Okanoue T & Mazda O (2006) Interferon-gamma is causatively involved in experimental inflammatory bowel disease in mice. *Clinical & Experimental Immunology* **146**, 330-338.

Jacob P, Mueller MH, Hahn J, Wolk I, Mayer P, Nagele U, Hennenlotter J, Stenzl A, Konigsrainer A & Glatzle J (2007) Alterations of neuropeptides in the human gut during peritonitis. *Langenbecks Archives of Surgery* **392**, 267-271.

Jouany JP (2000) Twenty years of research into yeast culture, now a standard in ruminant diets around the world. In *Proceedings from Alltech's 15th Annual European*, pp. 44-68. Middle Eastern and African Lecture Tour. .

Jouany JP, Gobert J, Medina B, Bertin G & Julliand V (2008) Effect of live yeast culture supplementation on apparent digestibility and rate of passage in horses fed a high-fiber or high-starch diet. *J. Anim Sci.* **86**, 339-347.

Jouany JP, Lassalas, B., Bertin G. (1995) In vitro study of the dose effect of Saccharomyces cerevisiae on rumen digestion of a mixed diet. *Ann. Zootech.* **44** 155-155

Kamalamma, Krishnamoorthy U & Krishnappa P (1996) Effect of feeding yeast culture (Yea-sacc1026) on rumen fermentation in vitro and production performance in crossbred dairy cows *Animal Feed Science and Technology* **57**, 247-256.

Kamra DN, Chaudhary LC, Singhi R & Pathak NN (1996) Influence of feeding probiotics on growth performance and nutrient digestibility in rabbits. *World Rabbit Science* **4**, 85-88.

Kermauner A & Strucklec M (1996) Addition of a probiotic to feeds with different energy and ADF content in rabbits. 1. Effect on the digestive organs. *World Rabbit Science* **4**, 187-193.

Khadem AA, Pahlavan M, Afzalzadeh A & Rezaeian M (2007) Effects of live yeast Saccharomyces cerevisiae on fermentation parameters and microbial populations of rumen, total tract digestibility of diet nutrients and on the in situ degradability of alfalfa hay in Iranian Chall sheep. *Pakistan Journal of Biological Sciences* **10**, 590-597.

Kim HS, Ahn BS, Chung SG, Moon YH, Ha JK, Seo IJ, Ahn BH & Lee SS (2006) Effect of yeast culture, fungal fermentation extract and non-ionic surfactant on performance of Holstein cows during transition period. *Animal Feed Science and Technology* **126**, 23-29.

Kogan G & Kocher A (2007) Role of yeast cell wall polysaccharides in pig nutrition and health protection. *Livestock Science* **109**, 161-165.

Kolgazi M, Jahovic N, Yuksel M, Ercan F & Alican I (2007) α-Lipoic acid modulates gut inflammation induced by trinitrobenzene sulfonic acid in rats. *Journal of Gastroenterology and Hepatology* **22**, 1859-1865.

Konturek S, Konturek P, Pawlik T, Sliwowski Z, Ochmański W & Hahn E (2004) Duodenal mucosal protection by bicarbonate secretion and its mechanisms. *J Physiol Pharmacol.* **55 Suppl 2**, 5-17.

Kumagai H, Kumagae S, Mitani K & Endo T (2004) Effects of supplementary probiotics on dry matter intake, daily gain, digestibility, ruminal pH, faecal microbial populations and metabolites of two different diets of ewes. *Animal Science Journal* **75**, 219-224.

Kyriakis SC, Tsiloyiannis VK, Vlemmas J, Sarris K, Tsinas AC, Alexopoulos C & Jansegers L (1999) The effect of probiotic LSP 122 on the control of post-weaning diarrhoea syndrome of piglets. . *Res-Vet-Sci.* **67**, 223-228.

Laplace JP (1978) Le transit digestif chez les monogastriques 3) Comportement (prise de nourriture, caecotrophie), motricité et transit digestif et pathogénie des diarrhées chez le lapin. *Annales de Zootechnie* **27**, 225-265.

Laszlo K, Viktor J, Attila T, Laszlone T, Hedvig F, Jozsef K & Endre B (2007) Comparative examination of the biological effects of Saccharomyces cerevisiae yeast cultures in dairy cows. *Magyar Allatorvosok Lapja* **129**, 400-409.

Laukova A, Strompfova V, Skrivanova V, Volek Z, Jindrichova E & Marounek M (2006) Bacteriocin-producing strain of Enterococcus faecium EK 13 with probiotic character and its application in the digestive tract of rabbits. *Biologia* **61**, 779-782.

Le Floc'h N, Jondreville C, Melchior D, Sève B & Matte J (2004) Impact du statut sanitaire en post-sevrage sur les performances de croissance et les niveaux plasmatiques d'acides aminés, de minéraux et de vitamines. In *Journées Recherche Porcine*, pp. 159-164.

Lebas F, Coudert, P., De Rochambeau, H., Thébault, R.G. (1996) Nutrition et alimentation. In *Le lapin : Elevage et pathologie*, pp. 21-50 [FAO, editor]. Rome, Italie.

Lebas F, Marionnet D. & Henaff R. (1991) La production du lapin. In *Association Française de Cuniculture*, pp. 206 [Lavoisier, editor].

Lesmeister KE, Heinrichs AJ & Gabler MT (2004) Effects of supplemental yeast (Saccharomyces cerevisiae) culture on rumen development, growth characteristics, and blood parameters in neonatal dairy calves. *Journal of Dairy Science* **87**, 1832-1839.

Lessard M (2004) Utilisation des probiotiques chez le porc-modulateurs potentiels de la santé intestinale. In *Colloque sur la production porcine: 25 ans d'évolution!*, pp. 1-14 [CRAAQ, editor. Saint-Hyacinthe.

Licois D, Marlier, D. (2008) Pathologies infectieuses du lapin en élevage rationnel. *INRA Prod. Anim.* **21**, 257-268.

Licois D, Reynaud A, Federighi M, Gaillard-Martinie B, Guillot JF & Joly B (1991) Scanning and transmission electron microscopic study of adherence of *Escherichia coli* O103 enteropathogenic and or enterohemorrhagic strain GV in enteric infection in rabbits. *Infection and Immunology* **59**, 3796-3800.

Lila ZA, Mohammed N, Takahashi T, Tabata M, Yasui T, Kurihara M, Kanda S & Itabashi H (2006) Increase of ruminal fiber digestion by cellobiose and a twin strain of Saccharomyces cerevisiae live cells in vitro. *Animal Science Journal* **77**, 407-413.

Lila ZA, Mohammed N, Yasui T, Kurokawa Y, Kanda S & Itabashi H (2004) Effects of a twin strain of Saccharomyces cerevisiae live cells on mixed ruminal microorizanism fermentation in vitro. *Journal of Animal Science* **82**, 1847-1854.

Luick BR, El-Sayaad GAE & Cheeke PR (1992) Effect of fructooligosaccharides and yeast culture on growth performance of rabbits. *Journal of Applied Rabbit Research* **15**, 1121-1128.

Maertens L (1992) Rabbit nutrition and feeding: a review of some recent developments. *Proc. 5th Congr. of World Rabbit Science Assoc., 27-30 july, Corvallis, Oregon. J. Appl. Rabbit Res.* **15**, 889-913.

Maertens L & De Groote G (1992) Effect of a dietary supplementation of live yeast on the zootechnical performances of does and weanling rabbits. *J. Appl. Rabbit res.* **15**, 1079-1086.

Maertens L, Van Renterghem R & De Groote G (1994) Effects of dietary inclusion of paciflor (Bacillus CIP 5832) on the milk composition and performances of does and on caecal and growth parameters of their weanling. *World Rabbit Science* **2**, 67-73.

Majtan J, Kogan G, Kovacova E, Bilikova K & Simuth J (2005) Stimulation of TNF-alpha release by fungal cell wall polysaccharides. *Zeitschrift Fur Naturforschung C-a Journal of Biosciences* **60**, 921-926.

Mao L, Dong H, Yang P, Zhou H, Huang X, Lin X & Kijlstra A (2008) MALDI-TOF/TOF-MS Reveals Elevated Serum Haptoglobin and Amyloid A in Behcet's Disease. *Journal of Proteome Research* **7**, 4500-4507.

Marc B, Dubucquoy L, Garcia S, Gasmi M, Desreumaux P, Colombel Jean-Frédéric, Grimaud J-C, Iovanna J & Dagorn J-C (2003) Pancreatic changes in TNBS-induced colitis in mice. *Gastroentérologie clinique et biologique* **27**, 895-900

Marden JP (2007) Contribution à l'étude du mode d'action de la levure *Saccharomyces cerevisiae* Sc 47 chez le ruminant: Approche thermodynamique chez la vache laitière, Ecole Nationale Supérieure Agronomique de Toulouse.

Marden JP, Bayourthe C, Enjalbert F & Moncoulon R (2005) A new device for measuring kinetics of ruminal pH and redox potential in dairy cow. *Journal of Dairy Science* **88**, 1-5.

Marden JP, Julien C, Monteils V, Auclair E, Moncoulon R & Bayourthe C (2008) How does live yeast differ from sodium bicarbonate to stabilize ruminal pH in high-yielding dairy cows? *Journal of Dairy Science* **91**, 3528-3535.

Marounek M, Bartos S & Kalachnyuk G.I (1982) Dynamics of the redox potential and rH of the rumen fluid of goats. Physiol. Bohemoslovaca *Physiol. Bohemoslov.* **31**, 369-374.

Marounek M, Roubal P & Bartos S (1987) The redox potential, rH and pH values in the gastrointestinal tract of small ruminants. *Physiol. Bohemoslov.* **36**, 71-74.

Marrero Y, Galindo J, Aldama AI, Moreira O & Cueto M (2006) In vitro effect of Saccharomyces cerevisiae on the microbial rumen population and fermentative indicators. *Cuban Journal of Agricultural Science* **40**, 313-320.

Marteau P & Shanahan F (2003) Basic aspects and pharmacology of probiotics: an overview of pharmacokinetics, mechanisms of action and side-effects. *Best Practice & Research Clinical Gastroenterology* **17**, 725-740.

Martignon M, Combes S & Gidenne T (2008) Effect of age and feed intake level on structure and diversity of caecal bacterial community of the young rabbits. In *Gastrointestinal Tract Microbiology Symp.* [JM RRI-INRA, editor. Clermont-Ferrand, France.

Martinsen TC, Bergh K & Waldum HL (2005) Gastric juice: a barrier against infectious diseases. *Basic Clin Pharmacol Toxicol,* **96**, 94-102.

Mathieu F, Jouany J, Sénaud J, Bohatier J, Bertin G & Mercier M (1996) The effect of Saccharomyces cerevisiae and Aspergillus oryzae on fermentations in the rumen of faunated and defaunated sheep; protozoal and probiotic interactions. *Reproduction Nutrition Development* **36** 271-287.

Matsuzaki T & Chin J (2000) Modulating immune responses with probiotic bacteria. *Immunol Cell Biol.* **78**, 67-73.

Medina B, Girard ID, Jacotot E & Julliand V (2002) Effect of a preparation of Saccharomyces cerevisiae on microbial profiles and fermentation patterns in the large intestine of horses fed a high fiber or a high starch diet. *J. Anim Sci.* **80**, 2600-2609.

Melchior D, Mézière N, Sève B & Le Floc'h N (2004) La réponse inflammatoire diminue-t-elle la disponibilité du tryptophane chez le porc ? In *Journées Recherche Porcine*, pp. 165-172.

Melchior D, Sève B & Le Floc'h N (2002) Conséquences d'une inflammation chronique sur les concentrations plasmatiques d'acides aminés chez le porcelet : Hypothèses sur l'implication du tryptophane dans la réponse immunitaire. In *Journées de la Recherche Porcine*, pp. 341-347.

Michalet-Doreau B, Morand D & Martin C (1997) Effect of the microbial additive LEVUCELL⌀ SC on microbial activity in the rumen microflora during the stepwise adaptation of sheep to high concentrate diet. In

Evolution of the rumen microbial ecosystem, pp. 81 [RRIa INRA, editor. Centre de Clermont-Theix

Michelland RJ, Combes S, Cauquil L, Gidenne T, Monteils V & Fortun-Lamothe L (2008) Characterization of bacterial communities in cæcum, hard and soft feces of rabbit using 16S rRNA genes capillary electrophoresis single-strand conformation polymorphism (CE-SSCP). *9th World Rabbit Congress* **72**, 1025-1030 + http://world-rabbit-science.org/.

Michelland RJ, Dejean S, Combes S, Lamothe L & Cauquil L (2009) Statfingerprints: a friendly graphical interface program for microbial fingerprint profiles processing and analysis *Molecular Ecology Resources* **in press**.

Miled N, Canaan S, Dupuis L, Roussel A, Rivihre M, Carrihre F, de Caro A, Cambillau C & Verger R (2000) Digestive lipases: From three-dimensional structure to physiology. *Biochimie* **82**, 973-986.

Miller-Webster T, Hoover WH, Holt M & Nocek JE (2002) Influence of Yeast Culture on Ruminal Microbial Metabolism in Continuous Culture. *J. Dairy Sci.* **85**, 2009-2014.

Mir Z & Mir PS (1994) Effect of the addition of live yeast (Saccharomyces cerevisiae) on growth and carcass quality of steers fed high-forage or high-grain diets and on feed digestibility and in situ degradability. *Journal of Animal Science* **72**, 537-545.

Miranda RLA, Mendoza MGD, Barcena-Gama JR, Gonzalez MSS, Ferrara R, Ortega CME & Cobos PMA (1996) Effect of Saccharomyces cerevisiae or Aspergillus oryzae cultures and NDF level on parameters of ruminal fermentation. *Animal Feed Science and Technology* **63**, 289-296.

Moloney AP & Drennan MJ (1994) The influence of the basal diet on the effects of yeast culture on ruminal fermentation and digestibility in steers. *Animal Feed Science and Technology* **50**, 55-73

Moncoulon R & Auclair E (2001) Utilisation du BIOSAF® Sc 47 pour la production de viande de taurillon. Rapport de recherche. In Marden (2007), pp. 17.

Moreau H, Gargouri Y, Lecat D, Junien J & Verger R (1988) Purification, characterization and kinetic properties of the rabbit gastric lipase. *Biochim Biophys Acta* **960**, 286-293.

Morisse JP, Boilletot E & Maurice R (1985) Alimentation et modifications du milieu intestinal chez le lapin (AGV,NH3,pH,flore). *Rec. Med. Vet.* **161**, 443-449.

Morvan B (1995) Ecologie et physiologie des microorganismes hydrogenotrophes des écosystèmes digestifs. Etude particulière de l'écosystème ruminal, Claude-Bernard-Lyon I.

Mu H & Hxy C-E (2004) The digestion of dietary triacylglycerols. *Progress in Lipid Research* **43**, 105-133.

Mumy KL, Chen X, Kelly CP & McCormick BA (2008) Saccharomyces boulardii interferes with Shigella pathogenesis by postinvasion signaling events. *Am J Physiol Gastrointest Liver Physiol* **294**, G599-609.

Muyzer G, de Waal EC & Uitterlinden AG (1993) Profiling of complex microbial populations by denaturing gradient gel electrophoresis analysis of polymerase chain reaction-amplified genes coding for 16S rRNA. *Applied and environmental microbiology* **59**, 695-700.

Nagaraja TG (2002) Ruminal microorganisms and digestive disorders in cattle. In *Gastrointestinal Microbiology in Animals*, pp. 41-60. Trivandrum 695008: Research Signpost.

Newbold CJ & Wallace RJ (1992) The effect of yeast and distillery by-products on the fermentation in the rumen simulation technique (Rusitec). *Anim. Prod.* **54**, 504.

Newbold CJ & Wallace RJ (1988) Effects of ionophores monensin and tetronasin on stimulated developement of ruminal acidosis in vitro. *Appl. Environ. Microbiol.* **54**, 2981-2985.

Newbold CJ, Wallace RJ & McIntosh FM (1996) Mode of action of the yeast Saccharomyces cerevisiae as a feed additive for ruminants. *British Journal of Nutrition* **76**, 249-261

Nikunen S, Härtel H, Orro T, Neuvonen E, Tanskanen R, Kivelä S-L, Sankari S, Ahog P, Pyörälä S, Saloniemi H & Soveri T (2007) Association of bovine respiratory disease with clinical status and acute phase proteins in calves. *Comparative Immunology, Microbiology and Infectious Diseases* **30**, 143-151.

Nisbet DJ & Martin SA (1990) Effect of Dicarboxylic Acids and Aspergillus oryzae Fermentation Extract on Lactate Uptake by the Ruminal Bacterium Selenomonas ruminantium. *Applied and environmental microbiology* **56**, 3515-3518.

Nordstorm DK (1977) Thermochemical redox equilibria of ZoBell's solution *Geochimica et Cosmochimica Acta* **41**, 1835-1841.

Nordstrom DK & Wilde FD (1998) Reduction-oxidation potential (electrode method). . In *National Field Manual for the Collection of Water Quality Data*, pp. 3-15 U. S. Geological Survey techniques of Water Resources Investigations.

Ohashi K, Sato Y, Kawai M & Kurebayashi Y (2008) Abolishment of TNBS-induced visceral hypersensitivity in mast cell deficient rats. *Life Sciences* **82**, 419-423.

Onifade AA & Babatunde GM (1996) Supplemental value of dried yeast in a high-fibre diet for broiler chicks. *Animal Feed Science and Technology* **62**, 91-96.

Onifade AA, Obiyan RI, Onipede E, Adejumo DO, Abu OA & Babatunde GM (1999) Assessment of the effects of supplementing rabbit diets with a culture of Saccharomyces cerevisiae using growth performance, blood composition and clinical enzyme activities. *Animal Feed Science and Technology* **77**, 25-32.

Orita M, Iwahana H, Kanazawa H, Hayashi K & Sekiya T (1989) Detection of polymorphisms of human DNA by gel electrophoresis as single-strand conformation polymorphisms. *Proc. Natd. Acad. Sci.* **86**, 2766-2770.

Ouwehand AC, Tuomola EM, Tvlkkv S & Salminen S (2001) Assessment of adhesion properties of novel probiotic strains to human intestinal mucus. *International Journal of Food Microbiology* **64**, 119-126.

Padilha MTS, Licois D, Gidenne T, Carré B & Fonty G (1995) Relationships between microflora and caecal fermentation in rabbits before and after weaning. *Reproduction Nutrition Development* **35**, 375-386.

Parvez S, Malik KA, Kang SA & Kim HY (2006) Probiotics and their fermented food products are beneficial for health. *Journal of Applied Microbiology* **100**, 1171-1185.

Paryad AR, M. (2009) Effect of Yeast (*Saccharomyces cerevisiae*) on Apparent Digestibility and Nitrogen Retention of Tomato Pomace in Sheep. *Pakistan Journal of Nutrition* **8**, 273-278.

Peeters JE (1987) Etiology and pathology of diarrhoea in weanling rabbits. In *Rabbit production systems including welfare.*, pp. 127-137 [T Auxilia, editor]: Commission of the European Communities.

Perdigon G, Alvarez S, Rachid M, Aguero G & Gobbato N (1995) Immune System Stimulation by Probiotics. *Journal of Dairy Science* **78**, 1597-1606.

Perret JP (1982) Gastric lipolysis in the young rabbit: origin and physiological importance of the lipase. *Journal de Physiologie* **78**, 221-230.

Petersen B, Knura-Deszczka S, Pvnsgen-Schmidt E & Gymnich S (2002) Computerised food safety monitoring in animal production. *Livestock Production Science* **76**, 207-213.

Piattoni F, Demeyer D & Maertens L (1997) Fasting effects on In Vitro Fermentation pattern of rabbit caecal contents. *World Rabbit Science*, **5**, 23-26.

Piattoni F, Maertens L & Demeyer D (1995) Age dependent variation of caecal contents composition of young rabbits. *Arch. Anim. Nutr.* **48**, 347-355.

Pinheiro V (2002) Contribution to the study of the rabbit digestion: effect of the dietary fibre level and nature of the starch. Thèse de doctorat, Univ. Vila Real, UTAD.

Plata FP, M GDM, Barcena-Gama JR & M SG (1994) Effect of a yeast culture (Saccharomyces cerevisiae) on neutral detergent fiber digestion in steers fed oat straw based diets. *Animal Feed Science and Technology* **49**, 203-210.

Portsmouth J (1997) The nutrition of rabbit. In *Nutritional and climatic environment*, pp. 93-111 [Butterworths, editor]. London: UK.

Raeth-Knight ML, Linn JG & Jung HG (2007) Effect of Direct-Fed Microbials on Performance, Diet Digestibility, and Rumen Characteristics of Holstein Dairy Cows. *Journal of Dairy Science* **90**, 1802-1809.

Rambaud J-C, Buts J-P, Corthier G & Flourié B (2004) *Flore microbienne intestinale: Physiologie et pathologie digestives*, John Libbey Eurotext ed: John Libbey Eurotext.

Ramirez A, Ortega ME, Gonzalez S, Becerril C & Ayala J (2003) Effect of supplementation of two Saccharomyces cerevisiae strains on the performance of growing cows. *Cuban Journal of Agricultural Science* **37**, 131-136.

Rampal P (1996) Les levures : classification, propriete, utilisations technologiques et therapeutiques. *Journal de Pediatrie et de Puericulture* **9**, 185-186.

Rezaee M, Rezaeian M, Shahrebabak MM & Mirhadi SA (2006) The effects of strain and doses of Saccharomyces cerevisiae supplementation on performance, total rumen bacterial population and blood serum metabolites in male Holstein calves. *Journal of the Faculty of Veterinary Medicine, University of Tehran* **61**, 63-69.

Rogalska E, Ransac S & Verger R (1990) Stereoselectivity of lipases. II. Stereoselective hydrolysis of triglycerides by gastric and pancreatic lipases. *J. Biol. Chem.* **265**, 20271-20276.

Rose AH (1987) Yeast culture, a microorganism for all species: A theoretical look at its mode of action. In: Biotechnology in the Feed Industry. , pp. 113-118. Nicholasville, Kentucky, U.S.A.

Roselli M, Finamore A, Britti MS, Bosi P, Oswald I & Mengheri E (2005) Alternatives to in-feed antibiotics in pigs: Evaluation of probiotics, zinc or organic acids as protective agents for the intestinal mucosa. A comparison of in vitro and in vivo results. *Animal Research* **54**, 203-218.

Russell JB & Strobel HJ (1989) Effect of ionophores on ruminal fermentation. *Appl. Environ. Microbiol.* **55**, 1-6.

Russell JB & Wilson DB (1996) Why are ruminal cellulolytic bacteria unable to digest cellulose at low pH? *Journal of Dairy Science* **79**, 1503-1509

Sadet S (2008) Etude de la diversité spécifique des bactéries attachées à la paroi du rumen: effet du régime alimentaire, Université Blaise Pascal.

Saha SK, Senani S, Padhi MK, Shome BR, Shome R & Ahlawat SPS (1999) Microbial manipulation of rumen fermentation using Saccharomyces cerevisiae as probiotics. *Current Science* **77**, 696-697.

Santos FAP, Carmo CD, Martinez JC, Pires AV & Bittar CMM (2006) Supplementing yeast culture (Saccharomyces cerevisiae) for late lactating dairy cows fed diets varying in starch content. *Revista Brasileira De Zootecnia-Brazilian Journal of Animal Science* **35**, 1568-1575.

Saremi B, Naserian AA, Bannayan M & Shahriary F (2004) Effect of yeast (Saccharomyces cerevisiae) on rumen bacterial population and performance of Holstein female calves. *Agricultural Sciences and Technology* **18**, Pe91-Pe103.

Sauer FD & Teather RM (1987) Changes in oxidation reduction potentials and volatile fatty acid production by rumen bacteria when methane synthesis is inhibited. *J. Dairy Sci.* **70**, 1835-1840.

Sauvant D, Martin, C., Peyraud, J. L. (2006) Introduction générale. In : Dossier, L'acidose chez les ruminants. . *INRA Productions Animales* **19** 69-78.

Sauvant D, Meschy F & D. M (1999) Les composantes de l'acidose ruminale et les effets acidogènes des rations. . *INRA Prod. Anim.* **12**, 49-60.

Serteyn D, Grulke S., Franck T., Mouithys-mickalad A. & Deby-dupont G. (2003) La myéloperoxydase des neutrophiles, une enzyme de défense aux capacités oxydantes. *Annales de médecine vétérinaire* **147**, 79-93.

Shanmuganathan T, Samarasinghe K & Wenk C (2004) Supplemental enzymes, yeast culture and effective microorganism culture to enhance the performance of rabbits fed diets containing high levels of rice bran. *Asian-Australasian Journal of Animal Sciences* **17**, 678-683.

Shu Q & Gill HS (2001) A dietary probiotic (Bifidobacterium lactis HN019) reduces the severity of Escherichia coli O157:H7 infection in mice. **189**, 147-152.

Sirotek K, Marounek M, Rada V & Benda V (2001) Isolation and characterization of rabbit caecal pectinolytic bacteria. *Folia Microbiologica* **46**, 79-82.

Sobhani S, Valizade R, Naserian AA, Shahroudi FE, Tahmorespour M & Behgar M (2006) The effect of Saccharomyces cerevisiae on milk yield and composition and performance of Holstein dairy cow. *Agricultural Sciences and Technology* **20**, Pe53-Pe60.

Sonbol SM & El-Gendy KM (1992) Effects of dietary probiotics on performance of weaning New Zealand White rabbits. *Egyptian Journal of Rabbit Science* **2**, 135-144.

Sougioultzis S, Simeonidis S, Bhaskar KR, Chen X, Anton PM, Keates S, Pothoulakis C & Kelly CP (2006) Saccharomyces boulardii produces a soluble anti-inflammatory factor that inhibits NF-[kappa]B-mediated IL-8 gene expression. *Biochemical and Biophysical Research Communications* **343**, 69-76.

Stewart CS (1997) microorganisms in hindgut fermentors. In *Gastrointestinal microbiology*, pp. 142-186 [R Mackie, White BA., editor]. Londre: Chapman and Hall.

Tardy Y, Mercury L, Roquin C & Vieillard P (1999) Le concept d'eau ice-like : hydratation-déshydratation des sels, hydroxydes, zéolites, argiles et matières organiques vivantes ou inertes. *C. R. Acad. Paris, Sci de la terre et des planètes* **329**, 377-388.

Thomson AB, Schoeller C, Keelan M, Smith L & Clandinin M (1993) Lipid absorption: passing through the unstirred layers, brush-border membrane, and beyond. *Can J Physiol Pharmacol.* **71**, 531-555.

Trocino A, Xiccato G, Carraro L & Jimenez G (2005) Effect of diet supplementation with Toyocerin((R)) (Bacillus cereus var. toyoi) on performance and health of growing rabbits. *World Rabbit Science* **13**, 17-28.

Underdahl NR, Torres-Medina A & Doster AR (1983) Effect of Streptococcus faecium C-68 in control of Escherichia coli-induced diarrhea in gnotobiotic pigs. *Am. J. Vet. Res.* **43**, 2227–2232.

Ushe TC & Nagy B (1985) Inhibition of small intestinal colonization of enterotoxigenic Escherichia coli by streptococcus faecium M74 in pigs. *Zentralbl Bakteriol Mikrobiol Hyg [B]* **181**, 374-382.

Valsaraj KT (2000) *Elements of Environmental Engineering: Thermodynamics and Kinetics*, 2 ed: Lewis Publishers, Chelsea, MI.

Van Soest PJ (1963) Use of detergents in the analysis of fibrous feed. 2) A rapid method for the determination of fiber and lignin. *J. Ass Off Agric. Chem ,46, 829-835.*

van Winsen RL, Urlings BAP, Lipman LJA, Snijders JMA, Keuzenkamp D, Verheijden JHM & van Knapen F (2001) Effect of Fermented Feed on the Microbial Population of the Gastrointestinal Tracts of Pigs. *Applied and environmental microbiology* **67**, 3071-3076.

Vernay M & Marty J (1984) Absorption and metabolism of butyric acid in rabbit hind-gut. *Comp Bioc Physiol. ,77,89-96.*

Vernay M & Raynaud P (1975) Répartitions des acides gras volatils dans le tube digestif du lapin domestique. 2) Lapins soumis au jeune. *Ann. Rech. Vét.* **6**, 369-377.

Wallace RJ & Newbold CJ (1993) Rumen fermentation and its application: the development of yeast cultures as feed additives. In *Biotechnology in the Feed Industry*, pp. 173-192 [LT P, editor. Nicholasville, Kentucky, U.S.A.: Alltech Technical Publications.

Wendakoon CN, Fedio W, Macloed A & Ozi- mek L (1998) In vitro inhibition of Helicobacter pylori by dairy starter cultures. *Milchwissenschaft* **53**, *499–502. In Effets des probiotiques et prébiotiques sur la flore et l'immunité de l'homme adulte / Effects of probiotics and prebiotics on flora and immunity in adults. AFSSA.* **Février/February 2005**, 77-78.

Wenus C, Goll R, Loken EB, Biong AS, Halvorsen DS & Florholmen J (2008) Prevention of antibiotic-associated diarrhoea by a fermented probiotic milk drink. *European Journal of Clinical Nutrition* **62**, 299-301.

Wiedmeier RD, M.J. Arambel & J.L. Walters (1987) Effect of yeast culture and/or Aspergillus oryzae fermentation extract on ruminal characteristics and nutrient digestibility. *J. Dairy Sci.* **70**, 2063-2068.

Williams PE, Tait CA, Innes GM & Newbold CJ (1991) Effects of the inclusion of yeast culture (Saccharomyces cerevisiae plus growth medium) in the diet of dairy cows on milk yield and forage degradation and fermentation patterns in the rumen of steers. *J. Anim. Sci* **69**, 3016-3026.

Williams PEV & Newbold CJ (1990) Rumen Probiosis: The effects of novel microorganisms on rumen fermentation and ruminant productivity. . In *Recent Advances in Animal Nutrition* pp. 211-227. Butterworths, London, UK.

Wolter R (1990) *Probiotiques: les règles du jeu.*

Wright EM, Martmn MG & Turk E (2003) Intestinal absorption in health and disease--sugars. *Best Practice & Research Clinical Gastroenterology* **17**, 943-956.

Wylegala S, Nowak W & Mikula R (2005) The effect of Saccharomyces cerevisiae on the in vitro degradability of maize grain, cellulose and wheat straw dry matter. *Journal of Animal and Feed Sciences* **14**, 315-318.

Yueh SCH, Wang YH, Lin KY, Tseng CF, Chu HP, Chen KJ, Wang SS, Lai IH & Mao SJT (2008) Low levels of haptoglobin and putative amino acid sequence in Taiwanese Lanyu miniature pigs. *J Vet Med Sci* **70**, 379-387.

Zanini K, Marzotto M, Castellazzi A, Borsari A, Dellaglio F & Torriani S (2007) The effects of fermented milks with simple and complex probiotic mixtures on the intestinal microblota and immune response of healthy adults and children. *International Dairy Journal* **17**, 1332-1343.

Zemb O, Haegeman B, Vanpeteghem D, Harmand J, Lebaron P. & Godon JJ (2007) safum: statistical analysis of SSCP fingerprints using PCA projections, dendrograms and diversity estimators. *Molecular Ecology Note.*

Zoetendal EG, Collier CT, Koike S, Mackie RI & Gaskins HR (2004) Molecular Ecological Analysis of the Gastrointestinal Microbiota: A Review. *Journal of Nutrition* **134**, 465-472.

Zumstein E, Moletta R & Godon J-J (2000) Examination of two years of community dynamics in an anaerobic bioreactor using fluorescence polymerase chain reaction (PCR) single-strand conformation polymorphism analysis. *Environmental Microbiology* **2**, 69-78.

i want morebooks!

Buy your books fast and straightforward online - at one of the world's fastest growing online book stores! Environmentally sound due to Print-on-Demand technologies.

Buy your books online at
www.get-morebooks.com

Achetez vos livres en ligne, vite et bien, sur l'une des librairies en ligne les plus performantes au monde!
En protégeant nos ressources et notre environnement grâce à l'impression à la demande.

La librairie en ligne pour acheter plus vite
www.morebooks.fr

OmniScriptum Marketing DEU GmbH
Heinrich-Böcking-Str. 6-8
D - 66121 Saarbrücken
Telefax: +49 681 93 81 567-9

info@omniscriptum.de
www.omniscriptum.de

Printed by Books on Demand GmbH, Norderstedt / Germany